增强现实技术

及其在农业中的应用

牛芗洁　李华　曹晪　编著

中国农业出版社

图书在版编目（CIP）数据

增强现实技术及其在农业中的应用 / 牛芗洁，李华，曹晽编著．—北京：中国农业出版社，2016.11
ISBN 978-7-109-22359-2

Ⅰ.①增… Ⅱ.①牛… ②李… ③曹… Ⅲ.①虚拟现实-应用-农业-研究 Ⅳ.①S126

中国版本图书馆 CIP 数据核字（2016）第 272764 号

中国农业出版社出版
（北京市朝阳区麦子店街 18 号楼）
（邮政编码 100125）
责任编辑 边 疆

北京中兴印刷有限公司印刷 新华书店北京发行所发行
2016 年 9 月第 1 版 2016 年 9 月北京第 1 次印刷

开本：720mm×960mm 1/16 印张：8.5
字数：150 千字
定价：30.00 元

前　言

随着智能电子产品运算能力的提升，增强现实技术（AR）的用途越来越广泛，在互联网营销中的应用更是意义显著，极大地提高了客户的体验效果。增强现实技术也逐渐与现代农业相结合，给农业注入新的生机与活力。

随着商业变革的不断持续进行，传统行业被颠覆与重构，互联网营销抢占先机，使得消费者足不出户就能购买到高质量的产品。而农产品则通过互联网营销大大降低了中间信息传递的迟缓程度，极大地提升了农产品的新鲜度，同时避免出现农产品滞销情况，保护了广大农民的利益。

本书的增强现实技术部分要点突出、概念清晰、说明细致透彻，读者能够由浅入深地认识和掌握该技术；互联网营销部分从革新传统营销观念入手，透彻分析了营销环境、营销方式、营销理念等，并以真实的实战案例，为用户提供互联网+增强现实技术的营销升级解决方案。

本书由北京市现代农业技术体系家禽创新团队流通追溯岗位专家李华教授科研团队撰写，从增强现实技术及互联网营销的发展现状及未来的发展趋势等方面开展研究工作，填补了虚拟现实与现代农业结合研究的空白。

本书分五部分，主要内容如下：

第一部分：增强现实概论，包括增强现实的概念发展历程、应用现状及未来前景等方面的内容。

第二部分：增强现实技术，详细阐述增强现实的实现技术及其与现代农业的结合点。

第三部分：增强现实技术与互联网营销，包括互联网营销的发展现状、营销模式及其与农产品营销的结合。

第四部分：客户体验，主要讲述客户体验在互联网营销中的发展地位及几个成功的体验案例。

第五部分：增强现实与互联网营销实例，重点阐述增强现实技术在互联网营销的应用。

本书由牛芗洁、李华、曹暕编著，王兰、黄栌、杨碧波、李悦等同学也参与了编写工作。本书在编著过程中，得到北京市农业局、北京农学院、北京市现代农业技术体系家禽创新团队和北京市新农村建设研究基地等的大力支持，此外，中国农业出版社边疆编辑也提出了许多建设性建议，编者一并表示感谢。

由于编写时间仓促，作者的水平有限，书中难免有不妥之处，敬请广大读者不吝赐教。

编　者

2016年7月

目　　录

第一章　增强现实概论

一、增强现实概念

增强现实（Augmented Reality，AR）是在发展的虚拟现实技术（Virtual Reality，VR）的基础上形成的，又称为混合技术。与虚拟现实技术要达到的完全沉浸效果不同，增强现实技术旨在建立一个计算机生成的物体能呈现在现实世界中、虚拟结合的效果，通过诸如光学透视式头盔显示器（s-HMD）、配有各种成像原件的眼镜、影仪、普通显示器，甚至是手机屏幕等多种设备，为用户实时提供的一个由虚拟信息和真实景物组成的混合场景。

20世纪90年代初期，波音公司的Tom Caudell和他的同事在其设计的一个辅助布线系统中提出了“增强现实”（Augmented Reality，AR）这个名词。这个系统利用透射式头盔显示器将简单线条绘制的布线路径和文字提示信息实时地叠加在机械师的视野中，依靠虚拟布线路径和提示信息帮助机械师一步一步地完成一个复杂的拆卸过程，减少在日常工作中出错的机会。接下来又相继出现了多种增强现实应用系统，主要集中在医疗、制造与维修、机器人动作路径的规划、娱乐和军事等几个方面。但是由于设备配置的复杂性和精度要求等方面的原因，所有这些系统都没有真正投入实际应用。自此之后，增强现实技术受到越来越多人的关注，多种不同形式的增强现实系统被提出并实现。在1997年，Azuma对上述系统及使用作出了一个详尽的讲解。他认为构建增强现实技术必须具备三个基本要素：虚实结合、具有实时交互性和三维配准。虚实融合是指同时包含现实自然场景与虚拟场景并正确处理二者间的遮挡与融合以使用户感知正确真实；实时交互是指实现用户与真实世界中的虚拟信息间的自然交互；三维配准是指计算观察者视点方位从而把虚拟信息合理叠加到真实环境上，以保证用户可以得到精确的增强信息。Julie Carmigniani和Borko Furht将增强现实定义为：增强现实，直接或间接地通过添加虚拟信息来提高真实环境的实时环境。Lester Madden提出了更为广泛的定义，他认为增强现实应该包含五大基本特征：虚实结合；提供实时交互；实时跟踪对象；提供图像或对象的识别；提供实时的环境或数据。

基于以上观点，作者对增强现实的概念做出一个界定：从狭义上说，增强现实技术依靠计算机系统，使用户处于现实环境中又可以感受到虚拟世界，来达到增强认识的目的。这里“虚实结合”中的“虚”是指用于增强的信息，它可以是在合成场景中与真实场景共存的虚拟物体，也可是真实物体的非几何信息如标注和提示等；通过配准技术把增强信息准确叠加到真实环境中，通过显示设备将二者融为一体以给用户展示一个感官上真切并得到增强的新环境；“实时交互”要求用户能在真实环境中借助交互工具与“增强信息”进行互动。通过以上界定，本书认为增强现实概念要求强调用户在现实环境中主体存在性，将获取的视频带回后台进行“增强”处理的做法不应纳入该概念范畴（可以称之为“增强视频”）。此外，从广义上讲，本书认为“增强现实”不应仅局限于对用户视觉上的增强，包括听觉、嗅觉、触觉等全方位的感官上的增强都应纳入其范畴。听觉上，通过提示音、音乐、背景音乐和讲解音等增强效果，例如导航系统的背景解说、工人训练时车间里的背景噪声、特定情况下的警告或提示音。触觉上，通过用肢体可触摸到的物体、工具或者感受的环境来增强效果，例如温度的变化、物体的作用力等。嗅觉上，通过单一气体或者混合气体来增强效果。味觉上，则可通过当看到各种食物时，自动释放出各种人工合成的味道来感受酸、甜、苦、辣。

二、增强现实的构成

（一）增强现实的基本组成

增强现实技术的首要目标是实现现实场景与计算机生成的虚拟场景无缝融合。为了实现这一目标，主要依靠三大关键技术：成像设备、跟踪与定位技术和交互技术。

跟踪与定位技术也称三维空间注册技术，通过对现实场景中的图像或物体进行追踪和定位，通过计算虚拟世界与现实世界坐标系的对应关系，实现将虚拟物体按照正确的空间透视关系叠加到现实场景确定位置。目前有基于光学或深度摄像机的图像实时识别追踪和基于传感器的物体运动追踪两种实现方式。还存在硬件跟踪器配准技术和视觉计算配准技术混合的配准技术。基于光度或深度摄像机的图像识别追踪的三维空间注册技术，可使用光学摄像机对平面识别标识图像的特征点进行提取，或使用深度摄像机对现实物体的立体轮廓及距离进行识别追踪。这两种方式都可以实时计算虚拟与现实世界坐标系对应关系，并将虚拟物体准确叠加到现实场景中的平面识别标识或者物体上。目前，对平面矩形图形、二维码、自然图形和三维物体的实时识别和跟踪，可以通过光学摄像机实现。通过深度摄像机（如微软的 Kinect 摄像头）可以实现人体骨骼、轮廓与动作的识别追踪。基于图像识别追踪的三维空间注册技术，适用于不需要特殊硬件辅助的增强现实应用，使用者只需要拥有安装摄像头的电脑、手持移动设备，对准现实场景中的平面图像或者物体就可以获得增强现实展示体验。但此技术对识别追踪的速度、准确性、环境光的适应能力以及对多识别标识同时追踪的容错能力有极高的要求，用以确保增强现实应用的稳定性。目前用于提高基于图像识别追踪增强现实应用性能的主要方法包括：使用图像分割与光流法（optical flow）相结合，实现对快速运动模糊图像中识别标识的高效与准确的运动捕捉；使用位移与旋转运动平滑过滤器减少图像识别误差带来的抖动影响；通过对实时监测真实环境的亮度和图像的亮度阈值的调整，以达到不同光照条件下的自适应能力；通过离线（offline）平面自然图像特征点和在线训练（online），使自然图像识别的速度与适应性取得进一步的发展；优化无浮点运算能力移动平台的算法，提高图片识别追踪计算速度的移动平台，以此来支撑跨平台能力的支持应用。基于硬件跟踪器的配准技术：在硬件跟踪器的配准技术的基础上，基于信号发射机和传感器获得的数据的方法，得到了目标的相对空间位置和方向。根据信号发射装置不同可分为机械跟踪系统、电磁跟踪系统、超声波跟踪系统、光学跟踪系统、全球定位系统跟踪系统等。根据跟踪发射信号是否固定在观察者身上可分为外内型（outside - in）和内外型（inside - out）。总体而言，基于硬件跟踪器的方法系统延迟小。但是由于设备昂贵、难于校准外部传感器，并且受设备和移动空间的制约，不方便安装系统。在硬件条件允许的前提下，结合图像识别与传感器运动捕获捉拿技术的混合三维空间注册算法，可以充分发挥两种技术各自的优势，提高增强现实应用的稳定性与环境适应性。摄像机视频帧捕捉后，首先进行基于图像特征点提取的识别标识识别（recognition）或追踪（track）。如果图像识别追踪成功，即预定义识别标识的特征点可以在视频图像中被准确定位，则可以通过标定了内外参数的摄像机参数计算出用于准确叠加 3D 虚拟模型的空间变换矩阵；如果跟踪失败是确定的，则通过 6DOF 运动传感器追踪当前视频帧摄像机的位置与姿态变化，并结合之前一帧已知的 3D 虚拟模型空间变换矩阵计算当前视频帧对应的新的空间变换矩阵。3D 渲染引擎在视频帧图像之上通过计算出的空间变换矩阵移动 3D 模型或者动画并叠加显示，以实现虚实结合的展示效果。

成像设备技术指的是在观察者的眼睛和真实物体之间的光路上成像的技术。根据光路上成像位置的不同，显示技术可以分为头戴式显示技术、手持式显示技术和空间显示技术。头戴式显示技术（Head Attached Displays）成像在离观察者眼睛 4～10 厘米处，观察者头部需要戴上显示设备。目前，最常用的是 S-HMD（图 1-1），它使用了一种常称为合并器的分光镜，将液晶显示器上部的影像反射到使用者的眼中，同时能让周围的光线渗透到 S-HMD。虽原理简单，可以根据需要制作，但是缺点也很明显。尺寸大、佩戴不便，用户在户外实际使用不太方便。Microoptical 公司的 Eyeglass 系列产品是 Microoptical 公司新推出的一款应用增强现实技术的眼镜，在普通眼镜上安装一个小彩色显示屏，该装置的重量只有几十克，但是显示面积太小，且位置固定，使其应用受到限制。2000 年，Minolta 公司提出了一个全息部件的眼镜式显示器原型，它具有亮度高、体积小的特点，但它仍然无法应用于实际情况中。头戴式显示技术的主要缺点是分辨率低、视域受限。第二种为手持式显示技术（Hand Held Displays），手持式显示设备成像于离观察者一个手臂远的距离。目前主要有两种：手持式显示器和手持式投影仪。手持式显示器通常整合处理器、存储器、显示屏和嵌入式交互设备，如掌上电脑、高端手机等。而手持式投影仪将影像投射在离观察者不远的前方。手持式显示技术主要的缺点是：处理器性能低、存储容量小、视觉范围小、摄像头精度低，不能在工作中观察到完全开放的工作。空间显示技术（Spatial Displays）将显示设备和人体分离，并在离人体较远处成像。此类方法不仅脱离了头戴式和手持式显示技术因人体工效学而受的困扰，而且解决了系统供电问题。它能支持高分辨率、宽视域、高亮性和高对比度的影像。根据对真实信息增强方式的不同，可以分为：基于桌面显示器的视频透视式显示技术；空间光学透视式显示技术；基于投影的空间显示技术。空间显示技术的主要缺点是不可移动性和合成影像精度低。增强现实技术需要在现实三维空间进行人机互动的全新应用场景，而传统的二维平面空间不能很好地适应。人体动作捕捉或手势识别这一全新的三维空间交互技术，可以以更准确的方式让用户在真实场景中实现与虚拟物体的交互，并且配备逐渐成熟的语音识别、3D 虚拟环绕声、虚拟触感反馈等多模态交互技术，实现了更自然的虚实融合的人机交互形式。

在增强现实的专业应用领域中，人体运动捕捉和手势识别功能一般由光学动作捕获装置和数据手套装置满足准确的三位空间位置追踪的需求，由具有集成摄像机的增强现实头戴显示设备（S-组合）实现第一视角的交互体验。基于深度摄像机技术的体感设备的普遍提高，用于娱乐或互动体

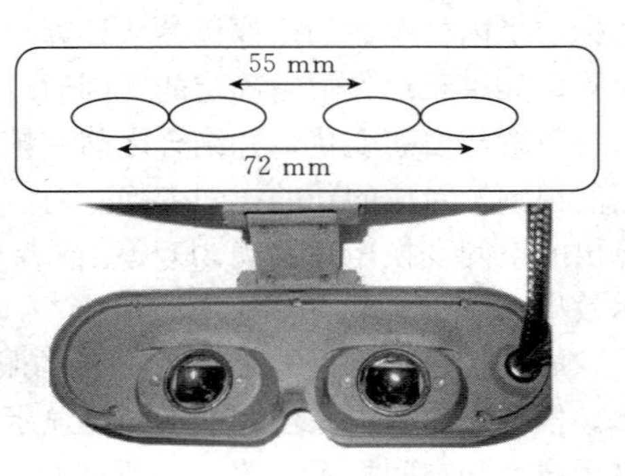

图 1-1　头戴式显示技术 S-HMD

验展示的增强现实应用开始更多地结合这种精度较低的动作捕捉设备，以实现三维空间的虚实互动能力。

（二）增强现实的技术难点

如今已经有多种工具包用于增强现实技术系统开发和API（Application Programming Interface），如ARToolKit、Coin3D和MR Platform等，其中ARTooKit是一套开放源代码的工具包，它主要由日本大阪大学的Hirokazu博士开发，用于迅速编写增强现实技术应用。ARTooKit受到了华盛顿大学人机界面实验室和新西兰坎特伯雷大学人机界面实验室支持，已成为在增强现实技术领域使用最广泛的开发包。很多增强现实技术的应用都使用ARTooKit或在其基础上使用改良创新的版本来进行开发。基于ARToolKit使用标记的视频检测方法进行定位，该工具套件中包含了摄像头校准和标记制作的工具，它支持将Direct3D、OpenGL图形和vrml场景归并到视频流中，并且支持显示器和S-HMD等多种显示设备。日本的混合实境实验室开发研究出MR Platform，此中包括了一个能减少人眼与头盔上摄像机之间平行度误差的S-HMD和一个运行于Linux环境下的用C++语言开发的软件开发工具包(SDK)。这个工具包中提供了摄像机校正用具、视频捉拿、图像检测和应用自由度传感器等开发增强现实技术应用的基本功能。尽管通过十几年的研究，研究出了以上的许多种工具包，然而几近全部的增强现实技术系统仍然处于实验室内使用，研究者曾经思考过增强现实技术在实际应用中面临的一些基本问题，主要有以下几个方面：第一是景物的生成与显示，几乎所有的S-HMD设备在通亮的环境下，其显示的效果都比较暗，除此之外，由于头戴式显示器上的摄像机的摄像角度与眼睛的位置存在偏差，所以定位的虚拟对象在真实视场中的定位和显示角度也会存在偏差，且很难调整。第二是定位错误，定位错误拟物体的定位在不可避免，民用GPS一般精度在3米到12米左右，在较差的天气中，最大误差可达100米。电子罗盘也会因为附近的磁场干扰产生误差。因为现有很多户外的系统中的校正算法要求大量的输入和琐碎的校正步骤，因此不适合商业化应用。第三是通信设备，多数系统都假设在带宽满足的情况下进行操作，但实际情况并非如此，在绝大多数分布式增强现实技术应用中，系统能力都要受制于数据传送的速度。因此在大型协作增强现实技术系统中，还有赖于通过动态兴趣度管理算法和动作预测算法来降低所需传输的数据量。第四是计算能力，在户外增强现实技术系统中，必须尽量减少客户端配置，数据处理常由便携式计算机，甚至是依靠掌上电脑来处理，因此，如何达到实时性和提高渲染效果是必须面对的一个问题。这也是目前增强现实技术研究中的热点之一。曾有文献将 ARTookit 移植到 Pocked PC 上，并通过优化获得了 10～15 帧的速率。在其他的研究中，一个分布式系统也被使用，以移动到一个远程服务器的计算中。

三、增强现实的发展历程

在 19 世纪初，美国作家 FrankBaum 最出名的作品就是《绿野仙踪》，在他的一篇短篇故事《The Master Key》中首次提及到一种增强现实的智能眼镜，虽然存在于童话故事，但这为增强现实技术提供了最早的模板。20 世纪 50 年代，电影摄影师 Morton Heilig 认为电影是一项非常有效地能够调动观众所有感官使之投入荧幕情景的活动，这是增强现实技术的第一次出现。1955 年，Heilig 在《The Cinema of the Future》一书中，描述了他的构想，并在 1962 年实现了他构想的原型，他将此项技术命名为 Sensorama，先于数字计算机技术。1966 年 Ivan Sutherland 发明了头盔显示器，并在 1968 年使用光学透视头盔显示器开发了世界上的第一套增强现实系统，同时也是第一套虚拟现实系统。20 世纪 70 年代到 80 年代，增强现实一直是一些机构的研究热点，例如美国空军的阿姆斯特朗实验室、美国航空航天局艾姆斯研究中心、麻省理工学院、北卡罗莱纳大学等。作为美国空军超级驾驶舱项目的一部分，1986 年，Tom Furness 为战斗机飞行员研制出了支持信息叠加和 3D 音效的高分辨头盔显示器。直到 20 世纪 90 年代初期，随着波音公司在飞机铺线工作中将材料的虚拟信息添加到工作人员的头盔显示器中帮助工作人员工作，才真正意义上实现了将计算机产生的虚拟信息叠加到真实环境中。在 1990 年，Thomas Caudell，一位来自波音公司的研究员，第一次提出了增强现实（Augmented Reality）这一词汇。随后，增强现实技术的研究引发了社会各界人士的关注，包括越来越多的世界著名科研机构、高校和企业参加到对增强现实技术的基础研究上，并发表了大量论文与科研成果，论证其作为人机交互技术的可行性以及创新性，研究其核心实现算法。随着计算机软硬件计算能力的提高，增强现实技术已经逐渐走出了理论研究阶段，开始进入到实际应用领域，并且有效连接了虚拟世界和现实世界，为人们提供了认知与体验周围事物的全新方式，被美国时代周刊、高德纳（Gartner）咨询公司等权威机构列为未来十大最有前景的技术之一。1992 年，Tom Caudell 和 David Mizell 提出了“增强现实（Augmented Reality）”一词，讨论了增强现实相对于虚拟现实（VR）的优点，并认为增强现实的定位（Registration）技术会得到不断的增强。1993 年，加利福尼亚大学的 Loomis 和他的同事们，开发了一套基于 GPS 的户外系统，通过音频向智障人士提供导航帮助。到 20 世纪 90 年代中后期，随着移动计算和跟踪设备取得重大突破，哥伦比亚大学开发出了最早用于户外的移动增强现实原型系统——Touring Machine，该系统通过向游客的头盔显示器中添加与游客视野中建筑和文物相关的 3D 图形信息为游客提供游览帮助。1994 年，Paul Milgram 和 Fumio Kishino 撰写了一篇题为“混合实境与虚拟显示分类”（Taxonomy of Mixed Reality Visual Displays）的开创性论文，在这篇论文中他们定义了“现实——虚拟连续（Reality - Virtuality Continuum）”的概念。Milgram 的定义被公认为增强现实的定义之一。1997 年，Ronald Azuma 提出了被世人普遍接受的增强现实的定义，这也是首个关于增强现实的报告。2 000 年，Bruce Thomas 等人在流行电脑游戏 Quake 的基础上发表了 AR - Quake，扩大延展了 Quake。这款游戏在室内和室外都能进行，游戏中的鼠标和键盘操作由使用者在实际环境中的活动和简单输入界面代替。2001 年，Kooper 和 MacIntyre 开发出第一个增强现实浏览器 RWWW，是一个互联网入口界面的移动增强现实程序。这套系统起初受制于当时笨重的增强现实硬件，需要一个头戴式显示器和一套复杂的追踪设备。2003 年，Adrian David Cheok 等人发布真人版的“吃豆人（Human Pacman）”，Human Pacman 是一套交互式移动娱乐系统，这套系统基于位置和视觉传感的全球定位系统 和惯性传感器实现，并配备了蓝牙和电容传感器的触控式人机交互界面。2004 年，Mathias Mohring 等人发表一套基于移动电话的用于追踪 3D 标记的系统。第一次在消费手机上展示了视频穿透式增强现实。2005 年，Anders Henrysson 将 ARToolKit 引入 Symbian 系统，基于该技术他发明了著名的增强现实网球（AR - Tennis）游戏，也是第一个运行在移动通信终端的协作式增强现实应用程序。2009 年，Morrison 等人发明 MapLens，一个配备了移动增强现实技术的地图，将放大镜方式与纸质地图配套使用，这一发明极大地激发了增强现实技术在地图等协作工具方面的潜力。同年，SPRXmobile 发表 Wikitude 浏览器的进化版——Layar 软件，Layar 在 Wikitude 定位技术（GPS+ 电子罗盘）基础上，结合开发建立了开放的 C/S 平台。Content Layers 等同于普通浏览器的网页，Existing Layers 包括从维基百科、Twitter 和 Brightkite 到本地服务，例如：Yelp、Trulia、店铺地址、附近的公交站、手机优惠券、马自达经销商、观光和自然与环境的指引信息。在同年 8 月 17 日 Layer 向全球推出了 100 项左右的 Content layers 服务。增强现实技术经过几十年的发展，不论是从技术层面还是从应用层面都取得了重大突破。增强现实技术具体发展轨迹如表 1 - 1 所示。

表 1-1　增强现实发展轨迹列表

年　代	事　　件
20 世纪 50 年代	电影摄影师 Morton Heilig 认为电影是一项行之有效调动观众各个感官使之投入荧幕情景的活动。这是增强现实首次出现。
1968 年	1966 年 Ivan Sutherland 发明了头盔显示器，并在 1968 年使用光学透视头盔显示器开发了世界上的第一套增强现实系统，同时也是第一套虚拟现实系统。
1986 年	Tom Furness 为战斗机飞行员研制出了支持信息叠加和 3D 音效的高分辨头盔显示器。直到 20 世纪 90 年代初期，随着波音公司在飞机铺线工作中将材料的虚拟信息添加到工作人员的头盔显示器中帮助工作人员工作，才真正意义上实现了将计算机产生的虚拟信息叠加到真实环境中。
1990 年	波音公司的研究员 Thomas Caudell 创造了增强现实（Augmented Reality）这一词汇，越来越多的国际知名科研机构、高校和企业投入到对增强现实技术的基础研究上，并发表了大量论文与科研成果，论证其作为人机交互技术的可行性以及创新性，研究其核心实现算法。
1992 年	Tom Caudell 和 David Mizell 提出了“增强现实（Augmented Reality）”一词，讨论了增强现实相对于虚拟现实（VR）的优点，并认为增强现实的定位（Registration）技术会得到不断的增强。
1993 年	加利福尼亚大学的 Loomis 和他的同事们，开发了一套基于 GPS 的户外系统，通过音频向智障人士提供导航帮助。到 20 世纪 90 年代中后期，随着移动计算和跟踪设备取得重大突破，哥伦比亚大学开发出了最早用于户外的移动增强现实原型系统——Touring Machine，该系统通过向游客的头盔显示器中添加与游客视野中建筑和文物相关的 3D 图形信息为游客提供游览帮助。
1994 年	Paul Milgram 和 Fumio Kishino 撰写了一篇题为“混合实境与虚拟显示分类”（Taxonomy of Mixed Reality Visual Displays）的开创性论文，在这篇论文中他们定义了“现实-虚拟连续（Reality - Virtuality Continuum）”的概念。Milgram 的定义被公认为增强现实的定义之一。
2000 年	Bruce Thomas 等人发布了 AR - Quake，是流行电脑游戏 Quake 的扩展。这款游戏在室内和室外都能进行，游戏中的鼠标和键盘操作由使用者在实际环境中的活动和简单输入界面代替。
2001 年	Kooper 和 MacIntyre 开发出第一个增强现实浏览器 RWWW，是一个互联网入口界面的移动增强现实程序。这套系统起初受制于当时笨重的增强现实硬件，需要一个头戴式显示器和一套复杂的追踪设备。

（续）

年　代	事　　件
2003 年	Adrian David Cheok 等人发布真人版的“吃豆人（Human Pacman）”，Human Pacman 是一套交互式移动娱乐系统，这套系统基于由 GPS 和惯性传感器实现的位置和视觉感应，并配有蓝牙和电容传感器的触控式人机交互界面。
2004 年	Mathias Mohring 等人发表了一套基于移动电话的用于追踪 3D 标记的系统。第一次在消费手机上展示了视频穿透式增强现实。
2005 年	Anders Henrysson 将 ARToolkit 引入 Symbian 系统，推出了著名的增强现实网球（AR－Tennis）游戏，也是第一个运行在移动电话中的协作式增强现实应用程序。
2006 年	Reitmayr 等人发表了一套用于市区环境的，基于模型的混合式户外增强现实追踪系统，能够精确、实时地在手持设备上呈现增强现实。
	Nokia 发表了 Mara，它是一套用于移动电话的多传感器增强现实导航程序。这套原型程序经由摄像头实时拍摄的连续的取景器图像流，连同图片和文字覆盖在用户界面上，给使用者以注释说明。
2007 年	HIT Lab NZ（新西兰 HIT 实验室）和 Saatchi（盛世广告）为威灵顿动物园（Wellington Zoo）发布了世界第一个基于增强现实的手机广告。
2008 年	Wagner 等人发表了第一个在手机上进行实时景物追踪的实时 6DOF 系统，其帧率能够达到 20Hz。他们大幅修改了广为人知的 SIFT 和 Ferns 的方法，使得速度更快且降低了对存储空间的要求。
	Mobilizy 发布了 Wikitude，一个将 GPS 和数字罗盘数据与 Wikipedia 信息整合在一起的程序。Wikitude 世界浏览器将信息覆盖在 Android 手机摄像头的实时视图上。
2009 年	Morrison 等人发表 Map Lens，一套将放大镜方式与纸质地图配合使用的移动增强现实地图，展现了增强现实地图作为协作工具的潜力。
	SPRX mobile 发布了 Layar，它是 Wikitude 的进化版，在 8 月 17 日 Layer 向全球推出了 100 项左右的 Content layer 服务。
	Kimberly Spreen 等人开发出 ARhrrr，它是第一套商业级的高质量移动增强现实游戏。他们使用 NVIDIA Tegra 及其开发套件（Concorde）。所有除了追踪的处理都交由 GPU 完成，这使得程序在保持高质量内容和实现自然景物追踪的同时，在手机级别的设备上也能呈现高帧率。
2011 年	苹果应用商店 APP Store 里有大量增强现实的应用，它们把虚拟世界投影到我们的日常生活中，让人们感到神奇无比。Iphone 这样的设备是一个增强现实的实验平台：有些实验很新颖，有些很愚蠢、有些则非常惊人，它们让人看到了未来游戏和娱乐的发展趋势。

四、增强现实与虚拟现实

（一）虚拟现实

在人类探索自然的过程中，为了更好适应自然环境和利用自然资源，人类逐渐形成了一种可以认识自然和模拟自然的方法，这就是虚拟现实。虚拟现实（Virtual Reality，VR）是以计算机技术为核心，结合相关科学技术，生成与一定范围真实环境在视、听、触感等方面高度近似的数字化环境，用户借助必要的装备与数字化环境中的对象进行交互作用、相互影响，可以产生亲临对应真实环境的感受和体验。虚拟现实是人类在探索自然、认识自然过程中创造产生，逐步形成的一种用于认识自然、模拟自然，进而更好地适应和利用自然的科学方法和科学技术。从本质上说虚拟现实技术就是一种先进的计算机用户接口，它通过给用户同时提供诸如视、听、触等各种直观而又自然的实时感知交互手段，最大限度地方便用户的操作，从而减轻用户的负担、提高整个系统的工作效率。根据虚拟现实技术的不同应用对象，虚拟现实技术的功能能够以相同的形式表达，比方说一些概念或设计的可视化和可操作化；达到逼真的遥感现场效果的目的；实现各种复杂情况下的廉价模拟训练目标等。我们可以把虚拟现实的含义定义为：虚拟现实技术是利用多种传感设备让用户进入到一种虚拟环境，例如计算机生成的飞机驾驶舱和操作现场，实现用户与该环境直接进行自然交互的技术。这里所谓模拟环境是用计算机生成的一种表面色彩的三维图形，它可以是一个特定的现实境遇，也可以是一个纯粹世界观。传感设备包括用户使用的立体头盔（Head Mounted DisPlas）、数据手套（Data glove）、数据衣（Datasult）等穿戴式设备和设置于现实环境中的传感装置（不直接戴在身上）。自然交互是指日常使用的方式对环境内的物体进行操作（如用手拿东西、行走等）并得到实时的三维反馈。

虚拟现实技术具有以下四个重要特征：第一是多感知性（Multi - Sensory），所谓多感知就是说除了一般计算机技术所具有的视觉感知之外，还有听觉感知、力觉感知、触觉感知、运动感知、甚至应该包括味觉感知、嗅觉感知等。理想的虚拟现实技术应该具有一切人所具有的感知功能。由于相关技术，特别是传感技术的限制，目前虚拟现实技术所具有的感知功能仅限于视觉、听觉、力觉、触觉、运动等几种，无论从感知范围还是从感知的精确程度上来说，都无法与人相比拟。第二是存在感（Presence），又称为临场感（Hmersion），它是指用户感到作为主角存在于模拟环境中的真实程度。理想的模拟环境应该达到使用户难以分辨真假的程度（例如可视场景应随着视点的变化而变化），甚至比真的还“真”，如实现比现实更逼真的照明和音响效果等。第三是交互性(Interaetion)，交互性是指用户对模拟环境内物体的可操作程度和从环境得到反馈的自然程度（包括实时性）。例如，用户可以用手去直接抓取模拟环境中的物体，这时手有握着东西的感觉，并可以感觉物体的重量（其实这时手里并没有实物），视场中被抓的物体也立刻随着手的移动而移动。第四是自主性(Antonomy)，是指虚拟环境中物体依据物理定律动作的程度。例如，当受到力的推动时，物体会向力的方向移动、翻倒或从桌面落到地面等。

虚拟现实技术概念、思想和研究目标的形成与相关科学技术，特别是计算机科学技术的发展密切相关，经历了几个阶段。1929 年 LinkE. A. 发明了一种飞行模拟器，使乘坐者实现了对飞行的一种感觉体验。可以说，这是人类第一次尝试模拟仿真物理现实。其后，随着控制技术的不断发展，各种仿真模拟器相继问世。1956 年，Heileg. M. 开发了 Sensorama，这是一个具有三维显示及立体声效果的摩托车仿真器，并能产生振动感觉。随即，1962 年他继续研发的“SensoramaSimulator”已具有一定的虚拟现实技术的思想。电子计算技术的发展和计算机的小型化，推动了仿真技术的发展，逐步形成了计算机仿真科学技术学科。1965 年，计算机图形学的重要奠基人 Suther · land 博士发表了一篇短文《The ultimate display》，以其敏锐的洞察力和丰富的想象力描绘了一种新的显示技术。他假象在这种显示技术支持下，观察者可以直接完全进入到计算机控制的虚拟环境之中，就如同日常生活在真实世界一样。同时，观察者还能以自然的方式与虚拟环境中的对象进行交互，如触摸感知和控制虚拟对象等。Sutherland 的文章从计算机显示和人机交互的角度提出了模拟现实世界的思想，推动了计算机图形图像技术的发展，并启发了头盔显示器、数据手套等新型人机交互设备的研究。进入 20 世纪 80 年代，随着计算机技术，特别是个人计算机和计算机网络的发展，虚拟现实技术发展加快，这一时期出现了几个典型的虚拟现实技术系统，1983 年美国陆军和美国国防部高级项目研究计划局（DARPA）共同制定并实施 SIMNET（SIMulation NET working）计划，开创了分布交互仿真技术的研究和应用，SIM－NET 的一些成功技术和经验对分布式虚拟现实技术的发展有重要影响。1984 年，MeGreevy. M. 和 Humphries. J. 开发了虚拟环境视觉显示器，将火星探测器发回地面的数据输入计算机，构造了三维虚拟火星表面环境，此外还有 VIDEOPLACE、VIEW 等，这些系统的开发推动了虚拟现实理论和技术的研究。20 世纪 90 年代以后，随着计算机技术与高性能计算、人机交互技术与设备、计算机网络与通信等科学技术领域的突破和高速发展，以及军事演练、航空航天、复杂设备研制等重要应用领域的巨大需求，虚拟现实技术进入了快速发展时期。我国关于计算机建模与仿真的研究开展较早，大体上在20世纪70年代初，主要集中在航空航天领域，20世纪90年代初我国一些高校和科研院所的研究人员从不同角度开始对虚拟现实技术进行研究，1996年出版了第一部关于虚拟现实技术的著作并发表了综述文章。国家科学技术部、国家自然科学基金委员会等开始对虚拟现实技术领域的研究给与资助，国家"863"计划在1996年将"分布式虚拟环境"确定为重点项目，实施了DVENET计划。十多年来，我国北京航空航天大学、浙江大学、清华大学、北京大学等高等院校、科研院所以及其他许多应用部门和单位的科研人员进行了各具背景、各有特色的研究工作，在虚拟现实技术理论研究、技术创新、系统开发和应用推广方面都取得明显成绩，我国在这一科技领域进入了发展的新阶段。由于虚拟现实技术的学科综合性和不可替代性，以及经济、社会、军事领域越来越大的应用需求，2006年，由国务院颁布的《国家中长期科学和技术发展规划纲要》提出：在信息领域中，虚拟现实技术列为优先发展的前沿技术之一。2007年，北京航空航天大学获得科技部的允许，建设了虚拟现实技术与系统国家重点实验室。

（二）增强现实与虚拟现实的区别

增强现实技术伴随着虚拟现实技术的衍生发展及硬件水平的提高而提出。从认知科学上看，类似于虚拟现实，增强现实同样可看作是辅助人类认知，拓展大脑机能的有效工具。从逆镜模型加以理解，增强现实在客观世界的一端添加了计算机生成的虚拟信息，从而在认识主体大脑进行信息加工并构成世界像过程中起到增加信息、引发想象、形成认识的辅助作用，达到增强认知的目的。然而，增强现实技术系统对比虚拟现实技术系统还是有所不同，主要体现在：第一是沉浸感的体验不同。虚拟现实技术系统强调用户在虚拟环境中的视觉、听觉、触觉等感官的完全沉浸，强调将用户的感官与现实世界绝缘而沉浸在一个完全由计算机构建的虚拟环境中，通常需要借助能够将用户视觉与环境隔离的显示设备，一般采用沉浸式头盔显示器；与之不同，增强现实技术系统不仅不隔离周围的现实环境，而且强调用户在现实世界的主体性和存在性，并努力维持其感官效果的不变性，它致力于将计算机产生的虚拟环境与真实环境融为一体，从而增强用户对真实环境的理解，通常采用透视式头盔显示器。第二是配准意义及要求不同。在虚拟现实技术系统中，配准虚拟环境构建的多感知通道与用户各种感官匹配以消除各种不适应性，主要指消除以视觉为主的多感知方式与用户本身感觉之间的冲突；而在增强现实技术系统中，配准主要是指计算机产生的虚拟物体与用户周围的真实环境合理对准以保证用户感官认知的正确性。在实际生活中，用户在行动时能够保持正确的虚实配准关系是配准的基本要求。如果存在较大的配准误差，体验者在感官上不能确定虚拟物体是否真正存在于实际生活中，同时也不能确认生成的虚拟物体与实际完全一致；除此之外，甚至会改变用户对其周围环境的感觉从而导致完全错误的行为。第三是交互强调重点不同。虚拟现实技术系统强调“人—机”间合理交互以最大程度尊崇人的认知习惯和规律，以此消除引发的不适应性；增强现实技术系统中也要兼顾到“人—机”之间的交互，但它更强调真实世界与计算机生成的虚拟世界“两个世界”的融合，并加强“人—真实环境”的交互。简而言之，虚拟现实技术系统试图把世界送入使用者的计算机，而增强现实技术系统却是要把计算机带进使用者的真实工作环境中。增强现实技术系统使用户在沉浸于虚拟世界的同时，还保留着一颗体察外部世界的眼睛（通过摄像机实时获取环境中的真实景象），它在虚拟环境与真实世界间的沟壑上架起一座沟通的桥梁，并有可能把计算机的强项（计算能力）和人的特长（空间认知能力）有机结合起来以更好地帮助人认知世界。

五、增强现实的应用现状

（一）旅游

21世纪是信息的时代、技术的时代，一个产业、一个行业对高科技水平的掌握程度、对信息的收集和处理能力是反映该产业、该行业发展水平的重要指标，是制约其进一步向前推进的重要因素。而旅游业作为现代服务业的重要组成部分，是典型的知识和信息密集型产业，它的特征突出表现在对高新技术的追求、对个性化信息的满足。而增强现实旅游正是在这种背景和形势下应运而生，它的出现代表了旅游业发展的高科技化和高信息化。此外，现代社会的发展使人们的生活节奏越变越快，各种压力越来越多，空闲时间比较有限。而增强现实旅游的出现则省去了许多传统旅游必须要经历的中间环节，大大提高了旅游交易的效率和频率，能够使人们在少量的休息间隙，通过虚拟旅游体验放松身心、减少压力，享受旅游所带来的无穷乐趣。

增强现实旅游的出现，从技术角度上解决了两类特殊情况下旅游需求得不到满足的问题。首先，它的出现满足了某些特殊旅游群体如残障人士对一般旅游的需求，他们只需通过互联网就可像其他正常人一样方便快捷地享受到旅游的乐趣，克服了传统旅游所不能解决的一些障碍。其次，它的出现还满足了一些普通旅游爱好者对高端或极限旅游的特殊需求。市场上存在某些比较特殊的旅游产品，这类旅游产品要么对旅游者的身体素质要求极高，要么对旅游者的经济实力要求很高，如南极旅游和太空旅游，只有非常少数的旅游者才能够符合条件进行实地观光，而对于大多数的普通旅游爱好者，虽然具备了进行旅游的愿望，但由于受身体或经济条件的限制，使旅游不能成行。虚拟旅游的出现同样解决了这类人的特殊需求，让更多的旅游爱好者能够参与其中。

尽管旅游业一直被称为“无烟产业”和“环保产业”，但由于现代旅游产业发展十分迅速，致使许多景区景点的旅游规模已经远远超出了该地区环境承载能力的范围。因此，合理控制景区景点的游客流量，适时开展对旅游资源的保护，保证旅游资源的可持续发展显得十分必要，特别是对我国一些比较特殊和珍贵的历史文化遗产和自然生态遗产。而通过对这些旅游资源开发相关的虚拟旅游产品向游客提供增强现实旅游体验，能够在一定程度上分流一部分游客，有助于缓解人与环境之间的供需矛盾，并对今后旅游资源的可持续发展具有积极的促进意义。

广义虚拟旅游是指任何以非身临其境的方式获得旅游景点相关知识、信息的过程；狭义虚拟旅游则源于虚拟现实，指以包括虚拟现实在内的多种可视化方式，形成逼真的虚拟现实景区，使使用者获得感性的、理性的等多种有关旅游景点知识、信息的过程。

根据虚拟旅游场景与现实的时空标准虚拟旅游可划分为以下几类。超越现实的想象类：此类虚拟场景所包括的内容在现实生活中是不存在的，它主要根据设计者的想象力来虚构各种场景，以满足人们求新、求异的旅游需求。旅游政府部门在开发、规划新旅游地以及旅游娱乐企业开发新产品时较常使用这种形式。照搬现实的写实类：以虚拟场景的构建是以现实场景为蓝本，不需要设计者的发挥创造，只需照搬现实场景进行事实模拟即可，这类虚拟旅游产品在现实中比较常见，如虚拟紫禁城、虚拟长城等。重现历史的复原类：还有一些在历史上曾经存在但由于自然或人为原因现已不复存在的场景，现在可以借助虚拟现实技术根据史实记载资料来对历史场景进行还原和再造，如虚拟圆明园的推出，就可以让游客通过计算机来感受它昔日的辉煌。根据虚拟旅游开发者的开发目的以及最终系统所要实现的功能我们可以将虚拟旅游划分为规划类虚拟旅游、教育类虚拟旅游、营销类虚拟旅游和娱乐类虚拟旅游，它们分别被应用于相关的旅游规划部门、旅游教育机构和旅游企业。根据游客参与虚拟旅游的沉浸程度的不同，我们可以从低到高将其划分为三类：桌面式虚拟旅游、分布式虚拟旅游和沉浸式虚拟旅游，这类划分方法跟前面有关虚拟现实技术的沉浸程度划分法类似。目前，我国虚拟旅游整体发展水平不高，游客在虚拟旅游系统中的沉浸感还比较低，虚拟旅游产品以第一类为主，但有逐步向二、三类扩展的趋势。

虚拟旅游的特征：传统旅游产品一般都是在现实的人与人、人与物之间展开，而虚拟旅游是在网络时代下产生的新兴旅游方式，在这种形式下游客、旅游供应商、交易方式等都与现实之间存在很大的区别。因此，虚拟旅游具有与其他传统旅游产品所不同的一些特征。

虚拟旅游产品的时间特征是指虚拟旅游作为信息化社会的新兴旅游产品，打破了传统旅游产品的时间限制，使其具有超前性、随时性和高速性。世界各国旅游者只要借助于计算机网络即可方便快捷地随时享受旅游带来的无穷乐趣，大大节约了以往旅游所必须花费的穿梭于旅游目的地与居住地之间的时间成本。虚拟旅游产品的空间特征是指虚拟旅游打破了传统旅游的旅游地与居住地之间异地性的限制，游客不需离开自己的家门即可享受到虚拟场景空间构造的千里之外的异域风光。众所周知，旅游产生的两大要素是有钱、有闲，而虚拟旅游的出现在很大一定程度上满足了一部分有钱无闲或有闲无钱的潜在旅游消费者的旅游需求，因为它能够大大节约旅游者的经济成本、时间成本、机会成本和风险成本，使旅游的实现变得简单易行。传统旅游产品的提供主要依赖于人与人之间的沟通交流，感性特征比较突出；而虚拟旅游是在借助了虚拟现实技术这一新型信息技术的基础上而衍生的一种旅游产品，它的发展和应用具有明显的技术性特征，这样就能避免一些由感性因素引起的不稳定情况的发生。

随着人们经济水平大幅度提高，越来越多的消费者选择旅游来放松身心。增强现实在旅游方面的应用很广泛，主要集中在历史遗迹重建、建筑漫游、旅游中工具的使用等。

受经济建设、自然灾害等因素的影响，许多文物遗址已处于濒危境地，有的甚至已经消失。参观古迹的游客看不到古迹的过去，且对于现代游客来说，很难想象出古迹曾经的辉煌，为此有的古迹景点会找演员来演出古迹过去的场景。利用户外增强现实技术，可在古迹遗址上将已消失的文物古迹神奇再现，甚至能够让游客进入到其中来进行参观，这就最大程度地弥补了文物消失所带来的缺憾，同时也在一定程度上促进着当地旅游业的发展。欧盟与希腊文化部等多家研究机构和政府部门共同研究开发的古迹导游项目 ARCHEOGUIDE 是户外增强现实技术与网络相连的典范，可通过户外增强现实技术再现历史古迹。这一项目运用了设计的知识，实现了在古迹遗址上对希腊奥林匹亚神庙的虚拟重现。游客在遗迹现场可获得古建筑遗迹的多媒体信息，并可以通过射频透视式头盔显示器，看到古迹复原的效果，从而可以更好地了解这些古迹及发生在其中的重大历史事件。我国在古迹重建方面也有不少的实例，例如故宫博物院推出了文物影像细节游览虚拟展厅的旋转展示（图 1－2）。另外，虚拟现实与增强现实技术还为“恢复”圆明园原貌提供了切实可行的技术支持。“数字圆明园”项目将三维建模、增强现实技术等与传统建筑技术相融合，通过数字化技术手段，最大限度地“恢复”圆明园原貌。为了保证历史精准度，研究人员在参考考古发掘信息和文献资料的同时，还通过数字化技术手段，结合无人机高精度航拍和三维激光扫描仪等先进手段，记录圆明园地理环境。通过仔细描绘建筑模型的线条图，对遗址现场发现的残损石构件进行虚拟拼接，对古代彩画进行复原。目前，该团队已完成了圆明园90%的数字化复原工作，包括2 000座数字建筑模型、41个圆明园景区、128个时空单元的复原研究。尽管各园区、建筑的复原程度不一，精细程度有所不同，但数字化研究成果已经提供了一大批圆明园的平面图像和立体影像。

图1-2　在《韩熙载夜宴图》APP发布会现场

最早的户外增强现实系统是由哥伦比亚大学的Feiner研究小组所开发出的校园漫游机（图1-3）。这一系统采用了差分GPS和无源传感器（罗盘和倾斜传感器），借助该套设备，用户能够看到校园内的某些特定建筑物的相关信息（名称或部门），甚至能看到以前存在的建筑物。目前该研究小组正致力于将校园中过去的建筑物、到某地的路径等信息叠加到真实的场景中。在我国，建筑漫游也有实际生活中的应用。如西安市以旅游者特征为基本考量，在分析了西安旅游者的消费特征、市场构成、旅游偏好的基础上，综合运用了因特网技术、数据库技术和地理信息技术，设计了一个西安市景区的旅游虚拟系统。该系统具备了虚拟游览、信息导航、网上支付、社区交友和娱乐游戏等诸多功能，为实现西安市旅游景区的虚拟旅游和虚拟管理提供了一个良好的平台。此外，连云港连岛和湛江也通过制作三维地形景观图和构建虚拟全景漫游系统将当地的魅力风光形象而逼真地在互联网上展现出来，这在一定程度上加速了当地旅游经济的发展。

图1-3　校园漫游机

新一代的年轻旅游者越来越偏好自驾游。在自驾游过程中，全球定位系统是一个必不可少的工具。全球定位系统和加速度计已经成为了智能手机的标配，位置和角度传感器可以对相机跟踪起到重要的辅助作用。全球定位系统主要根据空间卫星和地面定位系统传感器之间的往返时间进行三角测量得到数据，除卫星数量和通信因素外，容易受高楼遮挡、气候等条件影响，目前我国的普通廉价全球定位系统大致只能实现精度 0.5～1 米的位置定位。差分定位系统可以接入差分网，以地面基站作为准确“地标”进行高精度位置测量。加速度计（Accelerometer）可以测量设备的加速度方向，以 iPhone 为例，可以安装“Sensor Data”采集传感数据。加速度计的测量值从 0.1 到 1 变化，当手机轴为完全水平时，测量值为 0，当轴为竖直时，测量值为 0.1 或 1，利用简单的三角函数可以大致计算出手机的倾斜角。手机用的廉价加速度计测量精度低，大多只能测量一个倾斜角，所以一般只是用来监测设备的竖直状态，控制图片或电子书阅读方向等。iPhone3GS 在移动设备上集成加速度计、陀螺仪（Gyroscope）和磁力计（Magnetometer）等设备进行结合计算，率先推出了“电子罗盘”APP，可以测量设备的三个旋转角度，可用于人机交互，并促进了增强现实 APP 的出现，例如街景图像的全景控制等。这样技术的出现极大地方便了自驾游爱好者，不用担心在旅游地迷路的问题。

关于虚拟旅游的未来，国外学者主要对以下两个问题进行了激烈讨论。第一个即是 VR 将要阻碍还是促进旅游业的发展。有些专家对此持积极乐观的态度，如 Cheong（1995）认为 VR 能够在一个可控的安全的环境里提供一系列广泛的旅游选择，虚拟旅行相对于实地旅游度假更方便且更便宜。另外，就像 Caproni 所说的那样第四大受欢迎目的地迪斯尼在 25 年前根本就不存在，但今天它吸引了比意大利、英国、德国、澳大利亚、日本等国家更多的旅游者。虚拟现实的优势在于用户能够在一定程度上选择并且调整适应那些以前不可能完成的体验。但是还有一些学者对此持反对态度。如果虚拟现实的出现成功地运用于旅游业，毫无疑问这将使许多国家提出他们的担忧，特别是那些很大程度上经济发展依靠旅游收入的第三世界国家和发展中国家，因为虚拟旅游成为现实旅游的替代，将使越来越少的旅游者到目的地进行旅游，这对他们来说无疑是一个巨大的损失。

（二）教育

Karen Hamilton、Jorge Olenenwa 在考察诸多应用实例后认为，增强现实技术在教育领域中的应用主要有五大方向：物体建模、技能训练、发现式学习、增强现实电子书及增强现实教育游戏。将增强现实技术应用于物体建模，可使学习者观察到在不同条件设置下给定物件的相应变化。模型实时地产生，并可被学习者操作；学习者及时获得视觉反馈，从而使交互得以持续。增强现实技术具有极强的提供情境、原型学习经验、开发探索的潜力。增强现实眼镜已被广泛应用于技能训练领域，尤其是诸如机械修理等特殊任务；在进行上述任务时，增强现实眼镜将逐一显示修理的步骤，提示该步骤所需的工具，提供必要的文字说明。“发现式学习”概念的提出者 Jerome Bruner 认为，学习者通过“发现”获取信息（知识）的练习过程，对于培养学习者利用这些信息（知识）解决相应实际问题的能力而言，颇有裨益。而增强现实技术本身所具有的引导学习者进行“发现”的潜质，使该类应用层出不穷。增强现实电子书的开发被视为弥合数字与现实鸿沟的重要进展。增强现实技术具备提供三维演示和交互体验的能力，这对“数字一代”的读者而言充满吸引力。由 HIT 实验室 Mark Billinghurst 团队研发的 MagicBook，是一个增强现实系统接口，可在任意一本普通书籍中添加增强现实内容。MagicBook 采用视频标记定位技术，书籍中的视频标记被识别后在显示器上显示为叠加在书籍上的静态或动态的、可进行交互的三维立体模型。读者可多角度、多方位地进行观察。

游戏应用于教育具有广阔的前景。数字游戏的最大特点是便捷的移植、扩展性；极易融合新技术，产生各种新特性，从而为教育游戏开辟更多的操纵空间。增强现实正是一种能够提升教育游戏临场感、沉浸性的技术。增强现实技术应用于教育游戏，将极大地拓宽教育游戏的应用领域，是未来教育游戏发展的重要目标。在研究、开发、应用过程中，游戏所蕴含的教育价值逐渐受到重视；专为教与学而研发的教育游戏逐步成为各方关注的焦点。近年来，增强现实技术的发展成熟，为教育游戏的研究、开发、应用提供了新的契机。教育游戏（Educational Game），是指“学习者借助想象，在所创设的蕴含教育目的与内容的现实或虚拟学习环境中，以道具为中介、以任务为驱动、以规则为导向、自由参与竞争，并接受独立反馈的交互性活动”。增强现实教育游戏（Educational Augmented Reality Game），指学习者借助想象，在运用增强现实技术所创设的蕴含教育目的与内容的虚实结合的学习环境中，道具是媒介、任务是驱动、规则是导向、自由参与竞争，并接受独立反馈的交互性活动。目前，业内已研发的增强现实教育游戏大致可分为两类：基于场所的增强现实教育游戏（Place - Based Educational Augmented Reality Game）与基于视觉的增强现实教育游戏（Vision - Based Educational Augmented Reality Game）。基于场所的增强现实教育游戏是指在特定场所中进行的，发挥具备自动定位系统的功能的手持设备叠加显示包括文本、音频、视频、三维模型和数据等附加材料，以改善用户体验的教育游戏。该类游戏借助参与者与（场所）环境间的情感及认知联系，促使其解决复杂问题、获得相关经验。目前，基于场所的增强现实教育游戏的主要应用领域有：一是科学教育，诸如疯城之谜（MadCity Mystery）。二是历史教育，诸如重温独立战争（Reliving the Revolution）、1967反陶氏化工运动（Dow Day）。三是环境教育，诸如环保侦探（Environmental Detectives）。四是综合能力培养，诸如接触外星人（Alien Contact!）等。基于视觉的增强现实教育游戏是指在室内环境中（特殊情况也可在室外）进行的，使用标签识别的放大内容（包括文本、视频和音频、三维模型、数据等），并可以叠加在真实的环境中，以提高教育游戏的用户体验。目前，基于视觉的增强现实教育游戏主要有：第一是传统教育游戏的增强现实版本，诸如“认识濒危动物”游戏等；第二是利用增强现实技术特点，开发了以教育学科为主题的游戏，诸如“理解库企定律”游戏等；第三是利用增强现实技术特点，开发特殊教育游戏，诸如Gen Virtual等。

除了游戏应用于教育，增强现实技术在常规教育也有体现：增强现实技术可以为课本带来更加丰富的内容。一个拥有增强现实技术功能的应用程序可以将文本、图像、音频以及视频数据实时地叠加到学生课本内容上。可以在文字读本，记忆卡片或是其他的教学材料中嵌入一个增强现实技术标签，当用一个增强现实技术设备扫描这些教学材料的时候便为学生提供附加的多媒体信息。学生在教室中就可以参与到计算机所生成的模拟历史事件中，探索和学习各个事件所发生的地点和各个历史事件的细节。增强现实技术还可以帮助学生理解化学中的分子，通过装有增强现实技术应用的设备用相机扫描学生手中的增强现实技术标签卡片，将相应的分子空间结构模型显示到设备中，并且学生可以同手中的虚拟模型进行交互。增强现实技术还可以应用到远程教育中，为身处异地的学生和教师提供一个共同的虚拟学习环境，甚至是虚拟的学习教材，虚拟的同桌，虚拟的黑板等。

增强现实技术在教育方面的应用还体现在数字出版上，增强现实技术与传统平面印刷品结合，把3D模型、动画或者视频叠加到印刷品上与读者互动（图1-4），实现读物内容跃然纸上的全新阅读体验；将增强现实技术结合当前快速发展的数字出版平台，基于后置摄像头的手持阅读设备，实现将3D模型或者动画叠加到读者身边的现实环境中，并通过第一视角观看互动，把电子读物的多媒体体验上升到了一个全新的

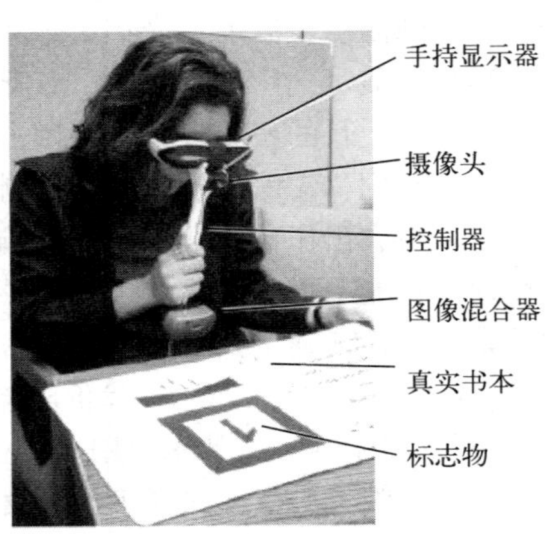

图1-4　魔术图本系统组成图

层次。

增强现实技术在教育方面的应用还体现在科技文化方面的传播，如科技馆内的科技展馆为了以寓教于乐的方式吸引游客，越来越多地开始利用增强现实技术带来的安全和真切的交互体验以及虚实结合的场景展现能力，提升展项的真实感、娱乐性与互动性的体验。适用于包括人体动作捕捉的科学模拟实验、结合识别标识卡片的物体认知与游戏问答以及使用增强现实观景机的历史场景复原等。同时，增强现实技术也是一种新的课件制作或补充教材试验的方法。

（三）现代农业

跟踪技术是增强现实技术中支撑技术之一。虚拟增强技术在移动终端上的应用被称为移动增强现实技术（Mobile Augmented Reality，MAR）。它主要应用于农业展示中，增强了农作物的展示效果、丰富了农作物的展示方法。目前，在农业领域中应用移动增强现实技术相对较少，大部分应用研究是由虚拟现实技术与地理信息技术相结合发展起来的。在农业展示领域中，由于缺乏系统的剖析与研究，移动增强现实技术应用在农作物的展示中大多局限在农作物的辨别上，通过对目标的识别来实现农作物的初步跟踪，然后将虚拟信息与真实对象进行虚实融合，实现农作物的增强现实展示。当前，世界关于移动跟踪技术在农作物的应用研究方面较少，跟踪效果也不稳定，这样很不利于移动跟踪技术在农业方面的发展。

在农业领域中，虚拟现实技术的应用还相对较少。2005 年，南澳大利亚大学的 Gary R. King 等人设计了一个名为 ARVino 的系统，该系统的组成包括移动电脑、三脚架、一把雨伞。该系统利用地理信息系统来准确地测量影响葡萄产量的温度、湿度、光照、地理位置等参数，将葡萄种植的 G1S 数据增强现实技术显示到移动电脑上。专家对三维可视化的数据进行系统分析，绘制出利于葡萄生长的相关数据。2010 年，加拿大西安大略大学的 Vidal N. R. 设计了一个利用移动增强现实技术检测农田杂草的系统架构，综合考虑杂草品种及密度、对农田作物正常生长的影响、除草投入等因素，辅助提供除草策略。系统通过智能手机对杂草的拍摄图像，将图像上传至服务器，并进行互联网数据搜索及分析，确定杂草的品种、密度，给出除草建议和预计投入费用。综合分析各种因素，将除草经济代价降至最低。同年，西班牙的 Javier Santana－FerMndez 将增强现实技术应用在农业生产中，开发了一个拖拉机耕种辅助导航系统。驾驶员头戴增强现实技术设备，包括视频摄像机、电子罗盘、眼镜显示器；拖拉机顶部安装有 GPS 接收器，用于测定拖拉机地理位置；拖拉机前部安装有视频跟踪设备，用于跟踪视频中规划路径。驾驶员在驾驶过程中通过眼镜显示器可以看到当前田地和系统推荐的路径规划图，在无其他资料帮助下，可以顺利完成耕种工作。虽然增强现实技术发展的较早，但是在农业中的应用发展比较缓慢，直到近年来随着计算机技术与移动硬件的迅速发展，增强现实的农业的应用出现了突飞猛进的发展。如 2012 年，在北京举行的第七届草莓大会，来自北京农业信息研究中心的研究者利用 D′FusionAR 技术针对青少年设计了“我的农场种草莓”游戏，让青少年在娱乐中学习了草莓的知识，同时也展示了我国栽培的优质品种草莓，得到了观看者的一致好评。由此可见，增强现实技术在农业中的应用还涉及教育、娱乐、产品展示等方面的技术手段。

在 MAR 农业展示中，MAR 跟踪技术多使用基于目标辨认的方式达成农作物的跟踪，且主要是基于自然特征的跟踪技术。在基于自然特征的跟踪系统中，特征点的判别相对较难，尤其在对农作物识别中，不同植物的特征点相异度较低，极不易判断，从而使计算难度大大增加。对植物特征点的提取与匹配，是跟踪技术的难点。在农业示范市场展示中，MAR 跟踪技术的核心技术的优缺点直接决定了虚拟信息是否能够确实无误地融合到真实环境中。基于自然特征的跟踪方法是通过对目标图像进行分析，提取出图像中特殊的元素，再把这些特殊元素归结为高级别的特征，利用它们进行图像之间的匹配，从而实现对目标的跟踪。通常用于目标跟踪的元素特征包括图像的形状、颜色、边缘、纹理等。T. Saiton 等人在工作中使用花朵和叶片的图像来识别野生种类的植物。Sarkar 等在进行西红柿识别的时候不考虑边缘的颜色信息，将西红柿中间区域的颜色均值作为特征，利用美国标准西红柿颜色图谱对新鲜西红柿进行分级。Shearer S. A. 等在识别过程中参考使用了植物叶片纹理的特征，提取了 11 个纹理特征，在 RGB 空间上产生了 33 个彩色纹理特征，对 7 种人工培育的植物进行识别。2012 年，张雪芬、薛红喜等设计了自动农业气象观测系统。该系统为了正确提取出需要的信息，对植物叶片图像中的每一个像素进行颜色空间转换和提取颜色特点，继而利用聚类算法对图像进行不同颜色空间特性剖析，并通过建立数学统计模型，生成亮度、色度控制表，用于辅助区域判别算法，通过对植物叶片的识别和跟踪，来判断植物的发育期。

从上述国内外研究现状来看，农业领域中应用增强现实技术相对较少，大部分应用研究也是由虚拟现实技术与地理信息技术相结合发展起来的，并且对农业 MAR 展示应用缺乏系统的分析与研究。另一方面，对农作物的展示中大多局限在农作物叶片、果实等识别上，对农作物的跟踪技术方面研究不多，并且跟踪效果不稳定，精确度不高，这严重影响移动增强现实技术的展示效果，阻碍了移动增强现实及跟踪技术在农业展示中的应用发展。为了改善移动设备内存小、计算实力有限等缺点，专家从多方面思考跟踪计划，把移动终端传感器和改进移动增强现实的跟踪方法紧密联系起来，是提高农作物跟踪技术稳定性和精确度的重要方式。近几年来，移动增强现实跟踪技术在农业展示展览区域一直是专家研究的热点，有巨大的理论价值和实用价值，值得深入研究。

（四）互联网营销

在互联网营销中，增强现实技术发展正处于初级阶段，目前较为成熟的品牌是 HP 的 Aurasma。到 2014 年，香港市场才采用了增强现实技术，就国内而言，虽然暂时为一片空白但发展空间很大。增强现实技术在互联网营销方面的成就主要集中在移动端，在移动端可应用软件商店（APP）中搜索“随便走”，打开软件后，它会先询问让你打开定位系统和相机，通过地理位置和相机搜索你附近一千米的美食、交通设施、旅游景点甚至是卫生间，周围所有的建筑都会立体出现在用户移动端界面上，选好地址后，软件还会自动生成步行路线。另一个可应用软件名为“口袋动物园”（又名“小熊尼奥”），利用增强现实技术的早教产品，早期在京东众筹获得入驻资格，产品获得 if 设计（普通）奖。“口袋动物园”有四大特色，卡片与可应用软件结合，寓教于乐。第一增强现实技术让卡片活起来，3D 实时动画让每个动物出现在用户手心里（图 1－5），360°逼真视角，便于用户全方位观察动物，锻炼用户观察力；第二支持四种语言，互动式教学，锻炼用户听、读和识物能力，增强用户从抽象思维到具象思维的能力；第三是支持全屏多卡同步展示，感受虚拟和现实结合的场景。最后支持放大缩小，拍照分享。用户用手指轻轻滑动物体，即可放大可缩小，便于用户全方位观察。“口袋动物园”的出现，让广大儿童足不出户便可以在移动设备上看到各种各样的动物，这一方式彻底颠覆了传统卡片学习，给孩子们带来了全新体验。

图 1－5　口袋动物园

除了移动客户端在增强现实技术方面的应用，全球最大的在线家具购物平台 Way fair（图 1－6）采用增强现实技术提升购物体验。宜家也采用增强现实技术将虚拟家具投射在客厅。用户在可移动端软件下载使用2014年度产品手册，可以把宜家的家具摆放在家中，大大提高了购物前的用户体验。在增强现实技术基础上研究开发的“十二居”3D家居互动展销系统，把家居和建材等商户的商品应用到实际生活场景，提升销售过程的用户体验感。消费者可以通过“十二居”自助终端系统，以简单便捷的操作方式，虚拟生活场景，随个人喜好手工制作室内装饰，这样不仅可以极大提高消费者的购买兴趣，帮助消费者直观精准地定位需要购买的商品，并且可以通过终端机扫描二维码快捷完成支付。商家则可在“十二居”自主手工制作家居室内场景、搭配商品，增加商品的亮点并提高品牌文化形象、设定内置场景广告，以及允许消费者将商品的场景应用效果及时“快照”保存以便分享到朋友圈进行购买交流和分散经营，也可以通过终端机或移动终端机向用户展示、互动和营销。

图1-6 Way fair在线家居用品购物平台页面

增强现实技术的互联网营销还体现在餐饮方面，麦当劳（McDonald）为响应世界杯，邀请十几位艺术家，设计出独一无二的薯条包装，并开发出一款应用增强现实技术的小游戏，用户进入McDonald’s GOL！后，用手机摄像头对准薯条新包装，桌面就会瞬间变为足球场，而薯条包装则变为球门。用户可以为自己喜欢的球队代言、射门、得分，让球队在全球社交排名中不断攀升，还可以在手机里展开一场点球大战。星巴克（Starbucks）推出了一款专为圣诞咖啡杯量身定做的Starbucks Cup Magic增强现实的可应用软件。目前推出了ios和Android手机版，用户可以在当地星巴克将手机摄像头对准圣诞节特别版马克杯以及其他近50种相关产品，屏幕就会展现出丰富、活泼又可爱的圣诞节日动画主题，如松鼠、小狗、狐狸、溜冰手和雪橇男孩儿等虚拟角色供用户选择并与现实中的星巴克圣诞产品进行互动。百事可乐在伦敦新牛津街巴士站放置创意广告牌，并利用增强现实技术增强实景技术，将外星人、怪兽等元素植入现实场景。候车的人们在显示屏中看到非常逼真的卫星撞击地球、外星人掳走路人等场景，所有的这一切，其实都是为了传达百事可乐不含糖MAX系列产品让人“Unbelievable”的理念。借助极具感染力的增强现实技术，配合极具创意的主题，百事可乐的创意广告成功吸引人们的注意，往来的路人纷纷游戏拍照，社交媒体也热议纷纷，百事可乐也巧妙地引出了MAX系列“Unbelievable”的理念，在与用户亲密互动中成功实现品牌推广。哈根达斯官方推出的一款利用增强现实技术功能的软件，在你等待冰激凌解冻的过程中可以打开软件，对准冰激凌盒子的盖子，会出现一个拉小提琴的美少女，如果再买一个放在一起会出现一个拉大提琴的大叔，待悠扬婉转的旋律结束后，用户就可以享受美味的冰激凌了（图1－7）。

图1－7　哈根达斯在增强现实技术的应用

（五）社交网络

近日，一场全球玩家走向户外捉宠物精灵的潮流正在被掀起，几乎是在一夜之间，这款名为pokemon go（中文称口袋妖怪）的游戏就风靡全球。这又引起了广大学者对增强现实技术在社交网络应用方面的重视。

Taggar是一款ios增强现实应用，可以让用户通过iPhone摄像头拍摄物体、并为其添加隐藏信息，比如在电影海报中添加影院购票链接等。不仅如此，该软件使用了Neurence云引擎，可以让用户通过摄像头扫描已经被标记过的物体，获得隐藏的信息。这种新的社交、消息分享形式，不仅仅为用户带来了乐趣，也被商业用户有效利用。一直以来，如何增加用户粘性是消费厂商所头疼的，Taggar则可以实现一定的推广效果，比如著名歌星Jason Durulo曾在Taggar平台举行新专辑的推广活动，让用户上传扫描的专辑封面，最后评选出最棒的隐藏内容。

我国的增强现实技术在社交网络上的应用也取得重大进展。北京视像元素技术有限公司开发的基于MAR移动增强现实技术的信息发现与分享平台——“这儿”是以“who，where”为核心的场景社交应用。用户通过“这儿”会看到一个以自己为中心，动态而三维、虚拟却真实的绚烂世界（图1－8）；用户打开“这儿”透过手机镜头，在所拍摄到的建筑物、街道实景上会浮现若干虚拟的信息标签（沿途留下的故事、美食、线路、精彩生活）。用户打开“这儿”透过手机镜头，在镜头里看见的建筑物、街道实景上会浮现若干虚拟的信息标签。“这儿”是国内首款基于 MAR 移动增强现实技术的场景社交应用，将用户在现实世界中的真实经历通过增强现实的方式记录分享，并通过摄像头发现别人在这儿的故事。“这儿”主打的是场景社交+信息发现，以 TAG 标签的形式互动。AR 标签：创建虚拟标签（图片、文字、声音、涂鸦）标注在实景中，在世界任何一个地方贴上专属的标签。发现周边：打开摄像头，场景里会呈现漂浮的各式标签，可以寻美食、查路线等，AR 场景打造身临其境的导航。好友互动：与好友分享记录与经历，在照片上直接评论，还有大量超萌的表情，同时还能分享到微博与微信。打开“这儿”，透过手机镜头，镜头里的世界会浮现虚拟的标签。拍张照片，添加涂鸦，文字、声音、3D 玩偶后，就会变成虚拟的三维标签，永恒地贴在真实时空中。周边的用户就可以看到你此时此刻留下的故事。用户也可以创建内容，最后它们都会变成虚拟的三维标签，永恒地贴在现实世界中。其他用户到达同一场景时便可看到在该场景内留下的标签，心情、足迹、攻略、贴士、美食、美景都能在“这儿”找到。同时还可以与好友分享标签，互相评论，或分享到微博与微信等其他平台。“这儿”用会动的照片记录精彩生活，让照片立体起来，更“声”“动”。在照片上添加声音、文字、涂鸦、3D 玩偶、照片，生成专属的标签；打开摄像头，各式标签会立体呈现；可以在照片上直接评论，还有大量超萌的表情。没有网络没关系，“这儿”可以离线保存，节约手机流量。同时，用户还可以用“这儿”将现实世界中的真实经历通过增强现实的方式去记录分享，并通过摄像头发现别人在这儿的故事。“这儿”呈现的信息让内容丰富和酷炫有趣。

图 1-8　“这儿”界面

增强现实（Augmented Reality），简称AR，简单地说就是将虚拟生成的信息覆盖在现实世界之上的虚实结合。行业内人士预测，移动增强现实技术（MAR）将是未来移动用户的终极体验，它将改变我们看待世界的方式，即将成为下一个移动互联网热潮。截至目前，AR已经开始出现在一些国外智能设备上，最有影响力的就是Google Glass，而“这儿”想充当内容提供者和用户之间的桥梁，最终颠覆现有的互联网信息获取方式。让互联网跟真实世界的关系更紧密，让互联网变得更真实。

六、增强现实的未来前景

（一）增强现实隐形眼镜

一个来自华盛顿大学的研究团队正在开发一款隐形眼镜，这款眼镜能够代替LED电脑屏幕，它可以将影像直接投射到视网膜上（图1-9）。这项研究计划从2008年1月初期就已经开始，现在该团队已经准备好即将在北京的BioCas研讨会上发表原型。Babak Parviz是华盛顿大学的一名研究员，他告诉记者：“我们有望能让清晰的iPhone影像出现在使用者眼前50厘米至1米。”这将会开启增强现实相关应用的大门，类似于Android与iPhone手机上的位置显示应用程序。研究人员相信这还可以有更聪明的应用，例如听某人以外语演讲时翻译可以像字幕一样出现在眼前。显而易见，这将会需要某些技术的辅助。例如先进的语音辨识技能和翻译运算法则，这都必须同步运作，即便在全尺寸的电脑上也很难做好，更别说是在一个电路线圈宽度不到人类头发千分之一的隐形眼镜上。隐形眼镜的取电方式也受到一定的限制，由于电子隐形眼镜太小了无法放入电池，因此该团队正在研究如何从无线电波所产生的微小电流中汲取电力，特别是手机所产生的电波中。

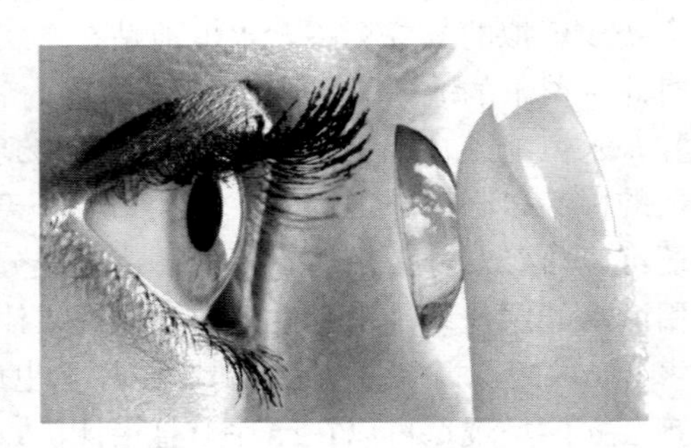

图1-9　增强现实隐形眼镜

（二）仿生学与仿生眼

传统的基于虚拟现实技术辅助的设计与仿真应用，受限于虚拟现实的展现和交互方式，不能逼真地表现设计作品或者仿真设备在现实环境的真实比例大小，以及与真实场景融合的效果，并且缺乏人与虚拟模型自然互动的能力。利用增强现实技术，结合可穿戴硬件平台，可以实现以第一视角在实景中展示设计作品或仿真设备的外观，并通过自然方式与虚拟模型进行人机互动，有效地解决了虚拟现实技术存在的这些问题，是辅助工业设计、服装设计、装潢设计、建筑设计以及设备仿真的全新方向。此领域开发应解决的关键核心技术包括：第一是结合摄像机的双目头戴显示设备的集成，以实现 see - through 的增强现实观看效果；第二是基于动作捕捉硬件的人头及人体动作的实时追踪，用于支持第一视角的三维空间注册以及与实景中虚拟物体的精确交互；第三是人机交互界面以及交互方式的研发，以适用于结合可穿戴硬件平台的增强现实应用；第四是与虚拟物体交互的触感、力感的模拟。

（三）纳米技术

纳米科技的最终目标是在原子、分子尺度上，制造具有新颖物理、化学和生物特性的器件和系统，从而为人类健康、信息技术、能源开发与利用、国家防御等科学研究和社会领域提供新的技术发展动力和机遇，实现上述目标的技术是纳米尺度下观测、操作和控制的科学方法与相关技术手段。

原子力显微镜（Atomic Force Microscope，AFM）能够在多种环境下实现对纳米尺度物体的观测，并具有高分辨率和高精度的可控、可规划的作业机制，已成为纳米观测与操控科学研究和纳米制造应用技术研究的可行技术途径之一。纳米技术 基于增强现实的机器人化纳米操作系统研究，主要围绕借鉴机器人监控作业理论方法，在商用 AFM 系统基础上，通过加入操作力分析模型，位姿生成模型，实时信息交互、监控界面和增强现实等功能模块，构建了具有实时力（位置感知）的纳米操作机器人系统。该系统不仅可以提供基于模型的操作过程实时视觉反馈，还可以通过多维力反馈操作手柄让操作者感受到实时操作力，并可操控该手柄实现 AFM 探针的运动和操作力控制。这种具有实时视觉和力觉反馈的纳米操作方式，使得应用 AFM 进行纳米操作的效率得到了显著提升。在实时视觉、力觉监控信息帮助下，操作者可以有效实现纳米推动、刻画、加工等作业。

第二章　增强现实技术

一、相关的工具和技术

（一）ARToolKit

ARToolKit 采用基于矩形标识物的视频检测方法，利用计算机视觉技术来计算观察者视点相对于所检测到的矩形标识的位置和姿态，即通过计算摄像机坐标系、矩形标识物坐标系和屏幕坐标系的转换矩阵来确定所检测到的矩形标识的位置和姿态，从而实现矩形标识物的跟踪与定位，加载虚拟物体进行增强，并显示增强后的视频。

ARToolKit 是一组 C 语言函数库，它由几个函数库组成，分别是：

（1）AR32. lib 函数库：包括摄像机校正与参数收集、矩形标识物识别与跟踪和定位模块，主要完成摄像机定标、矩形标识物识别与三维注册等功能。

（2）ARvideowin32. lib 函数库：基于微软视频开发包 MSVisonSDK 的视频处理函数库。主要完成图像实时采集功能。

（3）ARgsub32. lib 函数库：基于 OpenGL 的图形处理函数库，完成图像的实时显示、三维虚拟场景的实时渲染等功能。

以上几个库函数中除 ARvideowin32. lib 外，其他部分的源代码都是对用户开放的，开发人员可以根据需要对其修改和补充。

ARToolKit 通过计算摄像机相对于矩形标识物的位置来进行实时跟踪与定位。ARToolKit 首先检测摄像头设备是否正常，然后初始化摄像机内置参数，导入标识物模式文件，启动摄像头捕获视频，然后根据用户设定的阀值将采集到的一帧彩色图像进行二值化处理，转化为黑白二值图像，并进行反色处理，对该二值图像进行边缘检测和连通域分析，找出其中所有的矩形区域，对这些矩形区域进行初步处理，如清除过小的矩形区域。将筛选过后的矩形区域在该帧彩色图像中找出相对应的矩形区域作为候选区域，将每一候选区域与模式文件库中的模式文件进行图像匹配，得到相应的匹配值（即相似的概率），并记录该候选区域的相关状态信息。对于模板库中的每一个模板而言，候选区域中与之匹配所得到的匹配值最高者并且大于某一给定参考值（该参考值，开发人员可适当更改），则认为匹配成功，ARToolKit 找到了一个标识，利用该标识区域的变形来计算摄像机变换矩阵，从而计算出摄像机相对于标识的位置和姿态，这样就可以进行跟踪与定位，叠加虚拟物体。

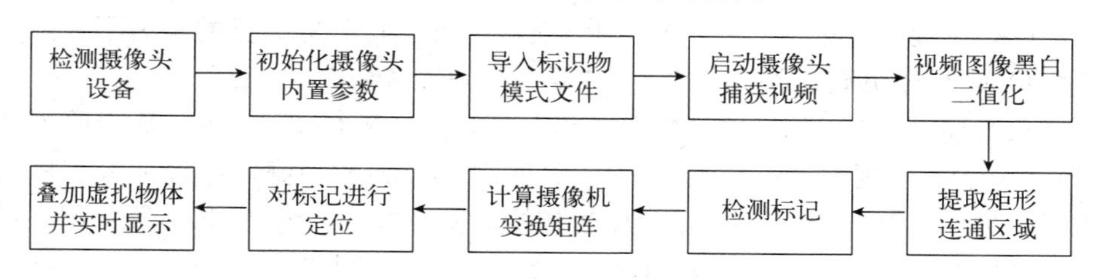

图 2-1　ARToolKit 工作流程图

（二）用 BuildAR 创建快速模型

BuildAR 是一款能让普通用户在短短几秒钟时间内轻松构建增强现实场景的软件工具，并且对用户没有任何编程技能要求。这款软件可以将 3D 虚拟模型稳定地叠加到打印的图片或标记上。

BuildAR 使用的是基于计算机视觉的跟踪算法，用户可以自行设计实体打印的跟踪图形或标识，用以叠加 3D 模型，同时需要的 3D 模型也可通过使用现有的大 部分建模程序来制作，或者直接从互联网获取。通过创建自定义的图片标记和 3D 模型，用户可以轻易构建属于自己的增强现实场景。

BuildAR 为用户提供了一个轻松创建 AR 场景的图形用户界面，用户不需要任何有关增强现实的编程经验便可自行使用。BuildAR 是快速构建强大 AR 应用的完整解决方案。

BuildAR 拥有如下特点：

（1）可以在 Windows 系统或者 Mac OS 上运行。

（2）可以加载或者保存 AR 场景。

（3）用户可自定义跟踪目标。

（4）提供窗口或全屏观看模式。

（5）支持标记或图像跟踪。

（6）支持多种文件格式的 3D 模型加载。

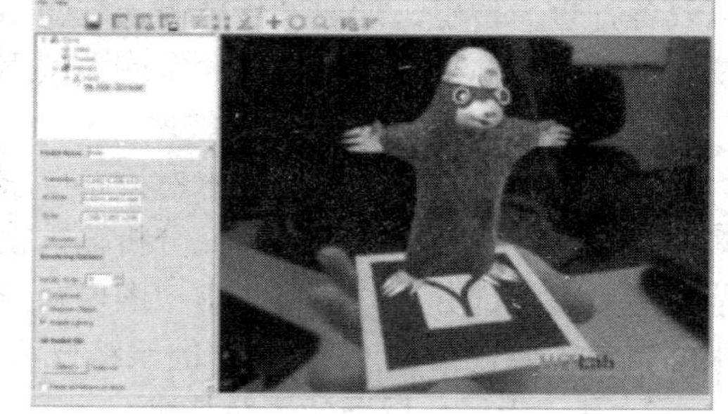

图 2-2　BuildAR 软件界面

（7）支持多种来源的视频输入。

（8）基于标记的实时模型定位与缩放。

（三）DART

DART 是 Google 公司发布的网络编程语言，其诞生的目的是为了让广大 C 类 OOP 程序员们克服 JavaScript“复杂”的语言特性。

众所周知，JavaScript 虽然是 OOP 语言，但其 OOP 特性是基于原型链（Prototype）实现的，这与传统的 OOP 实现方式大相径庭，导致部分程序员学习困难。然而 DART 使用了更贴近传统的实现方式，内含 class 等常用关键字，降低了学习成本。有了 DART，用户可用的网页脚本将不只是 JavaScript 专属。在使用 Chromium 的浏览器中，用户可以直接运行 DART 程序，而且有可靠的虚拟机帮助用户提升程序性能和安全性。即使用户的浏览器不支持 DART 语言，DART 也可以被转换为 JavaScript 代码，也不必再担心兼容的问题。同时，类似于 JavaScript 的 Node. js，DART 还可以用来编写桌面应用程序。

（四）MAR 跟踪技术

移动增强现实系统应实时跟踪移动设备在真实场景中的位置及姿态，并根据这些信息计算出虚拟物体在摄像机中的坐标，实现虚拟物体画面与真实场景画面精准匹配，即确定手机的空间位置和姿态，实现对目标物体的准确跟踪是 MAR 技术的关键。移动增强现实常用的跟踪技术分为以下几类：

1. 基于传感器的跟踪技术

基于传感器的跟踪技术是利用各种独特功能的硬件传感器，用来获取目标的位置和姿势等相关信息。常见的传感器有红外感应系统，数字罗盘和 GPS 以及各种重力传感、加速度传感等。它的精度较高，但对设备条件和环境条件要求比较高，往往只适用于实验室或大型娱乐场所。

2. 基于计算机视觉的跟踪技术

基于计算机视觉的跟踪技术对设备要求较低，一般只需要一个摄像头等射频捕捉设备，然后通过计算单元分析输入视频，计算相关信息，根据真实图像信息遣染虚拟部分，并最终将虚拟图像在正确的位置显示。基于计算机视觉的跟踪技术主要包括基于 Marker 的跟踪技术和基于自然特征的跟踪技术。

3. 基于无线局域网的跟踪技术

移动增强现实用户可以使用多种不同的无线通信网络接口，比如 Wi-Fi 和 RSSI（接收的信号强度指示，Received Signal Strength indication）。基于 RSSI 进行跟踪注册的系统具有一个明显的优势，它不需要增加额外的传感器等设备，只需要使用无线传输中的通信参数以及下载用于位置计算的无线地图就可以了。

这种方法的缺点是定位精度较差，并且线下构造无线地图非常繁琐。

4. 基于 GPS，GSM，UMTS 的跟踪技术

利用 GSM（全球移动通信系统，Global System for Mobile Communications）手机的三角信号技术来进行定位。然而，这种方法的定位精度在不同地区有很大的差别。随着第三代和第四代手机技术 UMTS（通用移动通信系统，Universal Mobile Telecommunication System）的发展，采用这种方法的定位精度已经显著提高。

5. 混合跟踪技术

对于一些特定环境下的增强现实应用来说，单独使用一种跟踪技术并不能提供鲁棒性跟踪解决方案，因此混合跟踪方式被开发出来。这种方法结合了几种不同的技术，最大限度地满足用户的需求。如 GPS 和 Sensor 共同完成跟踪注册的方式，通过 GPS 取得纬度、经度和高度，通过地磁 Sensor（电子指南针）取得面向的方向，通过加速度 Sensor 取得倾斜的角度，然后根据这些位置信息获取相关信息后融合显示。

（五）标记技术

目前绝大多数基于视觉跟踪的增强现实系统的标记都是黑白平面标记，且基本形状都是正方形，很少用彩色标记或者是立体标记，所以以下仅对黑白平面方形特征的标记系统进行总结介绍。

ARToolKit 标记。ARToolKit 是由日本大阪大学的 Hirokaz. Kato 开发的 AR 系统，后来被华盛顿大学 HITLAB 和新西兰坎特伯雷大学 HITLABNZ 共同资助，目前被广泛应用于增强现实领域，ARToolKit 的标记是由一个正方形的黑色边框和内部的模板图像组成的。

ARTag 标记。ARTag 是加拿大国家研究委员会开发的增强现实系统，它对 ARToolKit 标记进行了改进，标记识别采用了一种编码匹配的方式，不需要对标记进行模板图像匹配。ARTag 的标记也是正方形的，将边长分成 10 等分，整个标记可以分割成 10×10 的网格，标记的边框为宽度为 2 的全黑或者全白的方框，剩下的内部 36 个网格用来表示标记的 ID 信息，当标记被部分遮挡时，标记不会失效。

ARToolKitPlus 标记。ARToolKitPlus 是奥地利的计算机图形与视觉研究所与 Graz University of Technology 共同开发设计的。ARToolKitPlus 受到 ARTag 的启发，也是采用类似的 ARTag 编码方式，内部 36 个网格用来表示标记的 ID 信息。但是 ARToolKitPlus 标记的黑色边框是可变大小的，可以根据不同情况选取不同边框宽度的标记。该开发工具包的针对目标是各种手持设备上的增强现实应用，其应用的设备包括智能手机、UMPC、PDA 等。ARToolKitPlus 中应用了 BHC 编码技术进行标记设计，其标记总量能够达到 2^{12} 种，标记识别的效率高于 ARTag。但是，当 ARToolKitPlus 标记被部分遮挡时，其标记的识别方法将会失效。

ARSTudio 标记。ARSTudio 标记是一个内部分布着一定数目白色矩形的黑色正方形区域。这些白色矩形的角点被存储在与标记相关的数据文件里。尽管没有对白色矩形的数目和分布进行强制的规定，但是要考虑到新建的标记要能与已经产生的标记区分开，还要考虑到新建标记转动 90°角的方向也应该能和已存在的标记区分开。除此之外，标记中的每个矩形相互之间应该留出足够的距离，以便当标记在视频帧图像中被检测到的时候，标记中矩形的角点信息能被轻易地区分出来。

（六）少量标记增强现实与 PTAM

少量标记增强现实是一种基于真实世界存在的，对目标的一种识别技术。一些使用少量标记增强现实的例子：杂志封面，公司 logo，玩具，等等。总的来说，任何对象，拥有关于场景的足够的描述性和可分性的信息，都可以作为少量标记增强现实技术应用的对象。

少量标记增强现实方法的优点是：

（1）可以用来检测现实世界的对象。

（2）即使目标对象部分重叠也可以工作。

（3）可以有任意外形和纹理（除了立方体或者平滑的梯度纹理）。

少量标记 AR 系统可以使用真实图像和目标在 3D 空间定位相机，在真实图片上呈现引人注目的效果。少量标记 AR 的核心是图像识别和目标检测算法。与 markers 不同，makers 的形状和内部结构是固定和已知的，真实对象不能用这样的方式定义。同样的，物体可以拥有复杂的形状并且需要修改姿势估计算法来找到他们正确的 3D 转换。

少量标记 AR 执行大量的 CPU 运算，因此移动设备经常不能保持平稳的视频帧率。因此，开发者一般都面向例如 PC 或者 Mac 等台式电脑平台，并使用 CMake 编译系统作为交叉平台编译系统。

二、增强现实的元素

（一）软件工具

DirectShow 是位于 DirectX（包括 DirectDraw，DirectSound，Direct3D

等）基础之上的媒体层。它主要提供播放本地文件或 Internet 服务器上的多媒体数据，以及从视音频采集卡等硬件设备中捕获多媒体流的功能。它能够播放多种压缩格式的视音频文件（或流），包括 MPEG，Quick Time，AVI，WAV 以及基于 Video for Windows 和 WDM（Windows Driver Model）的视频、音频捕获流。DirectShow 的实质是以“过滤器（Filters）”组件为核心的模块化系统，用各种过滤器构造成不同的过滤器图表（Filter Graph）就可以完成回放采集等不同任务，一个称为“过滤器图表管理器”（Filter Graph Manager）的组件负责 Filter 之间的连接和媒体流的调度，应用程序通过它来控制 FilterGraph。

一般情况下，一个完整的过滤器图表以一个源过滤器开始（source filter），一个递交过滤器（render filter）结束，如果已知一个源过滤器，过滤器图表管理器会根据源过滤器的类型自动生成相应的 Filter Graph。

DirectShow 的模块化结构还允许应用程序构造自己的 Filter Graph。一种最简单的方法是使用 DirectShow SDK 中提供的 Graph Edit，通过它的 Insert Filter 菜单可以发现注册表中现有的 Filters，这些 Filter 有些是 DirectShow 自带的，也有些是操作系统或其他应用程序中带入的。在自己的应用程序中我们也可以添加自己的过滤器使其进行我们所希望的操作。本书所要进行的视频数据的处理就添加了自己定义的过滤器。在设计中，我们以 C Transform Filter 为基类在 VC＋＋6.0 下生成并注册了一个过滤器 ZNF Filter（其实现类为 C Video Mix Controller），并运用其中的函数 IdealMixing32Bits 来实现叠加，在本章第三部分将详细说明。应用程序可以通过过滤器图表管理器所提供的一组组件对象模型（COM）接口来访问过滤器图表，可以直接调用过滤器图表管理器接口来控制媒体流，获得过滤器事件，或者也可以使用媒体播放机控件来播放媒体文件。因此，用户可以以 3 种方式访问 DirectShow。

（二）Java 语言

Java 是一种跨平台的面向对象语言，是由 Sun 公司于 1995 年推出。自从 Java 语言问世以来，受到越来越多开发者的喜爱，在 Java 语言出现以前，很难想象在 Window 环境下编写的程序可以不加修改就在 Linux 系统中运行，因为计算机硬件只识别机器指令，而不同操作系统中的机器指令是有所不同的，所以，要把一种平台下的程序迁移到另一个平台，必须要针对目标平台进行修改，如果想要程序运行在不同的操作系统，就要求程序设计语言能够跨平台，可以跨越不同的硬件、软件环境，而 Java 语言就能够满足这种要求。

Java 语言的目标就是为了满足在复杂的网络环境中开发软件，在这种复杂的网络环境中，充满各种各样的硬件平台和不同的软件环境，使用Java语言，可以开发出适应这种复杂网络环境的应用系统。

在目前的软件开发中，尤其是应用系统的开发中，Java语言成为大部分开发人员的选择，经常会有用户自己提出要使用Java语言进行开发，可见Java语言的发展已经深入人心，Java语言之所以如此受欢迎，是由其自身的优点决定的，以下简单介绍Java语言的特性。

1. 平台无关性

平台无关性是Java语言最大的优势，在Java中，并不是直接把源文件编译成硬件可以识别的机器指令，Java的编译器把Java源代码编译为字节码文件，这种字节码文件就是编译Java源程序时得到的class类文件，Java语言的跨平台能力主要是指字节码文件可以在任何软硬件平台上运行，而执行这种类文件的就是Java虚拟机。Java虚拟机是软件模拟出的计算机，可以执行编译Java源文件得到的中间码文件，而各种平台的差异就是由Java虚拟机来处理的，由Java虚拟机把中间码文件解释成目标平台可以识别的机器指令，从而实现了在各种平台中运行Java程序的目的。在Java语言中针对不同的平台环境提供了不同的Java虚拟机，例如在Sun的官方网站中就提供了Windows、Linux和Solaris等各种版本Java虚拟机的下载。

2. 安全性

在C/C++中，指针的使用是一个高级话题，如果熟练掌握指针可以给程序的开发带来很大的方便，但是如果指针使用不当，就有可能带来系统资源泄露，更严重的是错误的指针操作有可能非法访问系统文件的地址空间，从而给系统带来灾难性的破坏，所以在C/C++中，在使用指针的时候，需要非常小心。

Java语言放弃了指针操作，在Java中，没有提供指针的操作，不提供对存储器空间直接访问的方法，所有的存取过程都由Java语言自身来处理，这样就可以保证系统的地址空间不会被有意或者无意地破坏。而且经过这样的处理，也可以避免系统资源的泄漏，例如在C/C++中，如果指针不及时释放，就会占用系统内存空间，大量的指针不及时释放就有可能耗尽可用的内存空间。在Java中就不用担心这样的问题，Java提供了一套有效的资源回收策略，会自动回收不再使用的系统资源。从而保证了系统的安全性和稳定性。

另外，Java虚拟机在运行字节码文件的时候，会把Java程序的代码和数据限制在具体的内存空间内，不允许占用Java程序范围指定内存地址之外的空间，这样就可以保证Java程序不会破坏系统的内存空间，从而保证系统的安全性。

3. 面向对象

面向对象是现在软件开发中的主流技术，Java 同样吸取了各种面向对象语言的优点，从而更加彻底地实现了面向对象的技术，在 Java 程序中，基本所有的操作都是在对象的基础上实现的，为了实现模块化和信息的隐藏，Java 语言采用了功能代码封装的处理，Java 语言对继承性的实现使功能代码可以重复利用，用户可以把具体的功能代码封装成自定义的类，从而实现对代码的重用。

C＋＋是一种经典的面向对象的语言，Java 语言继承了 C＋＋中面向对象的理论，但是 Java 简化了这种面向对象的技术，去掉了一些复杂的技术，例如多继承、运算符的重载等功能。经过这样的处理，Java 中的面向对象技术变得简单容易掌握，同时保留面向对象核心的技术，可以使用户方便地享受面向对象技术带来的便利。

4. 异常处理

Java 提供异常处理的策略，在 Java 程序的开发中，可以对各种异常和错误进行处理。这些错误包括程序在编译和运行阶段的错误和异常，例如空指针异常、数组越界异常、类型错误等。Java 中的异常处理可以帮助用户定位处理各种错误，从而大大缩短了 Java 应用程序的开发周期。而且，这种异常策略，可以捕捉到程序中所有的异常，针对不同的异常用户可以采取具体的处理方法，从而保证应用程序在用户的控制中运行，从而保证了程序的稳定和健壮。

（三）硬件外部设备

硬件部分主要包括可以把用户当前所处的真实环境和计算机所生成的虚拟物体以及文字同时进行显示的显示载体，这既可以是单兵作战系统中的头盔显示器，也可以是用户手持的智能手机或者是平板电脑。除了融合显示装置外，还需要了解用户意图的人机交互设备，因为系统需要知道用户现在的需求是什么，采用传统的键盘鼠标无法实现这样的人机交互，需要采用包括语音识别、眼动跟踪、身体动作跟踪等一系列的自然交互手段。此外还需要硬件计算平台来完成融合显示、虚拟物体的绘制以及人机交互等一系列的复杂运算。除了上述硬件平台之外还需要一系列软件的支撑，包括识别当前用户所看到的场景中的物体种类以及物体具体位置的识别和跟踪软件，把虚拟的三维物体进行实时的绘制和融合显示的三维图形渲染绘制软件，这些硬件和软件平台一起构成了移动增强现实系统。也就是说用户借助手机、平板电脑等智能终端显示设备自带的摄像头观察周围的真实环境，在其手持的智能终端显示屏上除了可以看到其周围的真实环境之外，还可以看到由计算机生成的虚拟辅助信息。

（四）摄像机跟踪实现

摄像机标定主要是确定摄像机内外参数的一个过程，其中内部参数的标定是指确定与位置参数无关的、摄像机固有的内部几何与光学参数，包括图像中心兆欧表、图像纵横比、相机的透镜畸变失真系数和有效焦距等；而外部参数的标定是用来计算摄像机坐标系与某一世界坐标系的相互转换关系的，这可以用 3×3 的旋转矩阵和 3 个平移向量来表示。摄像机标定主要涉及三维信息的获取，旨在解决 2D 到 3D 空间的映射问题，从而计算出摄像机的姿态信息。

为了方便说明，假设三维真实空间中某个物体上存在一个点 X，同时存在一个摄像机 C，摄像机 C 将点 X 图像化为一个二维图像点 x，在已知 X 的情况下，通过一个投影函数 P 来计算 x 的坐标，这个 P 是由摄像机 C 的状态决定的，其中包括位置、朝向、焦距等。假设一个摄像机变量为 camera，它包含了摄像机的所有信息，可以得到三维空间点 X 与二维图像点 x 的映射关系：

$$x = P\ (camera,\ X) \tag{2-1}$$

投影函数通过摄像机变量将三维坐标转换为二维坐标，抛弃了深度信息。当需要把二维坐标反变换为三维坐标时，将面临着缺失深度信息的问题，于是这个反变化过程只能通过二维点求出三维点的可能坐标集，这些可能坐标点组成了一条从摄像机中心到二维图像点的直线，也就是说，这个可能坐标集包含的点个数是无限的。公式表示为：

$$X \in P^{-1}\ (camera,\ x) \tag{2-2}$$

物体跟踪则以特定物体为跟踪目标，通过对自然场景图像的操作和分析，考虑复杂环境中各种不可预知的变化情况，在其中识别、定位并跟踪特定的物体。物体跟踪在某些技术上与摄像机跟踪重叠，而同时物体跟踪技术又可能被用于指导和纠正摄像机跟踪的结果，可以说物体跟踪和摄像机跟踪技术两者既有区别，又相辅相成，既有重叠的步骤，又有自己特殊的需求和目标。

在物体跟踪技术中，最主要问题就是如何“表示”目标物体。即以何种方式组织目标特征，抽取数字信息，最终给予目标恰当的描述。在视觉跟踪中，所谓的目标物即跟踪过程中需要检测并定位的物体外观，它可以是一张正面图像，也可以是几张不同视角下的平面图像。对于立体感十分强烈的物体，往往需要许多侧面的形象来辅助识别，而对于一些相对平面的物体，例如海报、书本等，可能只需要一张封面图像来标识它的外观。如何对这些平面图像分析处理，并最终得到跟踪目标的抽象描述，这些抽象描述不仅需要具有十分高的独特性，以保证所画非他物，又要具有一定的扩展性，鲁棒性，使得不同环境下的外观都能够被匹配和识别。例如外界光照的变化不能影响到识别的结果，而目标物可能存在的一些几何变化，例如几何旋转，尺度变化，仿射变换等，好的抽象描述都应该屏蔽，即具备旋转不变性（Rotation Invariance），尺度不变性（Scale Invariance），仿射不变性（Projection Invariance）等。

由三个不共线的点可以确定一个平面的原理可以知道，摄像机要获得可靠的跟踪，最少需要三对可靠的3D空间点到2D平面的匹配特征点，用来确定摄像机坐标系中的平面。该过程中的每一对匹配特征可以得到两个图像观测量，这样才可以恢复出摄像机运动的六个自由度。因此，在玉米特征点配对过程中至少需要3对特征点，这样才能实时监测三维空间中玉米相对于摄像机的姿态，实现对农作物的摄像机跟踪。

三、增强现实的工作方式

（一）增强现实的功能

理想的增强现实系统不仅提供实时的、逼真的、高解像度的3D场景，而且需要有一套复杂跟踪定位设备和交互感应设备，以此来实现人与虚拟环境的无缝融合，并使人通过最自然的操作与虚拟世界中的三维物体进行实时交互。这样增强现实技术可以将人类不可抵达的真实世界或者存在于人们想象中的微观世界用三维动画模拟的方式生动形象地展现在人们面前，使人们容易地对其中的事物进行细致入微的观察，探索事物的本质和规律。

（二）增强感知真实环境

增强现实把原本在现实世界的一定时间空间范围内很难体验到的实体信息（视觉信息、声音、味道、触觉等），通过科学技术模拟仿真后再叠加到现实世界，被人类感官所感知，从而达到超越现实的感官体验。与传统虚拟现实所要达到的完全沉浸的效果不同，增强现实技术致力于将计算机生成的信息同真实世界中的场景结合起来，它可以为医疗和工程用户提供准确、高效的辅助操作界面，也能够为教育或娱乐程序构造引人入胜的交互环境。增强现实技术在工业设计、机械制造、建筑、教育和娱乐等领域都有着广泛的应用前景，而且它提供了一种更容易的虚拟现实的方法，代表了下一代更易使用的人机界面的发展趋势。

（三）增强现实的工作原理

由于AR应用系统在实现的时候要涉及多种因素，因此AR研究对象的范围十分广阔，包括信号处理、计算机图形和图像处理、人机界面和心理学、移动计算、计算机网络、分布式计算、信息获取和信息可视化，以及新型显示器和传感器的设计等。

AR系统虽不需要显示完整的场景，但是由于需要通过分析大量的定位数据和场景信息来保证由计算机生成的虚拟物体可以精确地定位在真实场景中，因此AR系统中一般都包含以下4个基本步骤：

（1）获取真实场景信息。

（2）对真实场景和相机位置信息进行分析。

（3）生成虚拟景物。

（4）合并视频或直接显示，即图形系统首先根据相机的位置信息和真实场景中的定位标记来计算虚拟物体坐标到相机视平面的仿射变换，然后按照仿射变换矩阵在视平面上绘制虚拟物体，最后直接通过S-HMD现实或与真实场景的视频合并后，一起显示在普通显示器上。

AR系统中，成像设备、跟踪与定位技术和交互技术是实现一个基本系统的支撑系统。

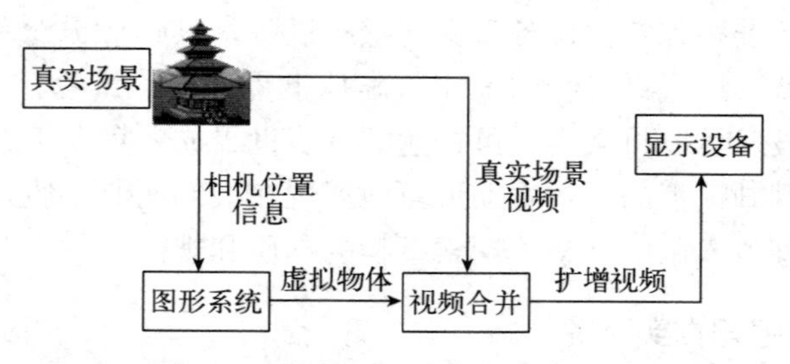

图2-3　简单AR系统的基本流程

（四）增强现实的基本流程

AR系统中一般都包含以下4个基本步骤：

1. 获取真实场景信息

增强现实系统的目的是呈现给人们虚拟对现实的增强的情景，这将是一种尽可能无缝的虚实融合的景象。所以，获取真实场景信息是增强现实的关键。此外，虚拟物体在真实世界中的注册必须是实时的，当摄像机姿态（人的视角）或者真实场景发生变化时，虚拟模型的姿态也应该发生相应的实时变化，使虚实融合更加真实。

2. 对真实场景和相机位置信息进行分析

AR系统的目的是要实现虚拟模型和现实场景的融合，需要将虚拟模型与真实世界在三维空间中进行“配准”，再将“配准”后的合成图像输出，使人们感觉虚拟物体仿佛是真实存在于真实场景中的，这个“配准”的过程常称为注册（Registration）。要实现虚拟和现实的完美融合，就要求虚拟模型能被精准注册。由于虚拟模型被注册到现实场景的位置和摄像机的位置是可以相对移动的，所以AR系统必须实时地检测摄像机的位置和方向，以帮助AR系统获得摄像机的视角，这个过程称为跟踪（Tracking）。在AR系统中，跟踪直接影响到虚拟物体的注册。

基于硬件跟踪器的跟踪定位技术，根据信号发射源和感知器获取的数据得到摄像机相对空间位置和方向。

基于视频检测的跟踪定位技术，这是很多AR系统中所采用的跟踪注册方法，又称为基于计算机视觉的跟踪注册方法。根据是否使用人工标记，该技术可分为：基于标记的视频检测技术和基于自然特征点的视频检测技术。基于标记的视频检测技术需要在场景中预先设置人造标记，而基于自然特征点的视频检测方法则通过图像分析，计算并检测出真实场景中标志性物体的几何特征，比如交点、直线段、曲线段，对摄像机的位置方向进行跟踪定位。

混合型跟踪定位技术，目前已有的大型AR应用系统均综合采用以上跟踪注册方法，比如，The Touring Machine使用了GPS、电子罗盘组成的混合跟踪定位系统，判断用户在校园中的位置、视野的方向和头盔的角度；AR Quake游戏使用GPS、电子罗盘和视频检测相结合的方法，利用GPS和电子罗盘进行大范围粗略的定位，之后采用视频检测方法进行精确跟踪。

3. 生成虚拟景物

在AR系统中，虚拟三维模型的渲染方面，我们可以用OpenGL绘制结构简单、动画设计容易实现的虚拟三维模型，然后根据相机的内部参数和外部参数设置OpenGL中虚拟相机的位置，使虚拟三维模型正确渲染到真实场景中。

在AR系统中，可以首先用3DSMAX将三维模型建立好，并设置关键帧动画，导出VRML语言编写的文件，用Open VRML将三维模型渲染出来。

基于虚拟现实建模语言VRML的超媒体VR系统，使人们感受到更完美的三维网络世界。Open VRML是一个跨平台的程序链接库，它包含一个浏览器，可以用来浏览VRML文件和X3D文件定义的三维虚拟场景，同时，在应用程序中调用链接库里的函数可以实时渲染VRML文件和X3D文件定义的三维场景。

Open VRML定义了多个类，主要包括browser类，viewer类，VRML97语言标准中数据类型的类，多种节点的类，事件和脚本等。应用程序通过定义

browser 类的对象和 viewer 类的对象，生成对 VRML 格式文件的浏览器对象，并根据 viewer 类对象的 Translation、Rotation、Scale 的值，设置从不同的视点和角度观看 VRML 文件定义的虚拟三维世界。同时，通过设置 browser 类中的 bool browser：update（double current－time）函数的输入参数，触发 browser 对象中的全部动态交互感知节点，使 browser 对象中的所有动态交互感知节点的状态值都发生变化，即改变三维模型的各种状态参数，然后由 viewer[id] →redraw（）函数根据新设置好的状态参数渲染系统中的三维模型，由于不同的时刻三维模型的状态参数不同，这样就形成了 VRML 程序中定义的三维模型的动画。

4. 合并音频、视频或直接显示

在 AR 环境的整体效果中，音效的作用很大。它通常能指导玩家的视觉感知，使玩家在美妙的背景音乐中自然融入 AR 的环境中，同时，通过声音，可以向 AR 环境中一些玩家提示一些对虚拟的三维物体如何操作的说明，系统中的其他提示信息也可以以声音的形式传达给玩家，使玩家和 AR 环境中的三维模型进行更有效的交互。

图形系统首先根据相机的位置信息和真实场景中的定位标记来计算虚拟物体坐标到相机视平面的仿射变换，然后按照仿射变换矩阵在视平面上绘制虚拟物体，最后直接通过 S－HMD 现实或与真实场景的视频合并后，一起显示在普通显示器上。

四、增强现实显示技术

按照 AR 系统中显示输出设备的不同，可以将显示技术分为以下几类：头盔显示器显示、手持设备显示、普通显示器显示、虚拟视网膜显示、投影式显示。

（一）手持式显示

手持设备（Handheld display）显示技术使用方便，可以随身携带，随时在各个地点使用。MaigicBook 是美国华盛顿大学 HrrLab 研制开发的手持增强现实系统，用户通过该系统不但可以体验虚实融合的景象，还可以沉浸其中，体验完全虚拟的场景，伴随着移动通信技术的快速发展，各种手持设备，如 PDA、智能手机等正在被迅速地普及应用。这使得手持设备能够成为增强现实系统良好的实现平台而得到广泛的应用。美国联邦通信管理委员会公布一项调查结果显示，“增强现实”如今已成为移动领域最热门的新话题。Juniper Research 最近发表的一篇研究报告预测，到 2014 年，移动 AR 应用程序的年销售收入将从 2009 年的不到 100 万美元增长到 7.32 亿美元。欧洲的软件开发商 SPRX mobile 推出了全球首款手持设备“增强现实”浏览器 Layar，打开该软件就会自动启动手机摄像头，用户只要将其对准某个方向，软件就会根据 GPS、电子罗盘的定位、定向信息，给出用户面前环境的详细信息，以及该方向上远处的各种常用功能建筑距离等。用户能够在屏幕上找到哪些房子正在出售，能够找到附近有什么热门的餐厅、酒吧或商店，哪里有诊所或银行 ATM 机，甚至还能够找到哪里有公司招聘，哪里的商品正在打折销售等。

目前绝大多数智能手机、PDA 具有内置摄像头和彩色显示屏，符合增强现实系统的显示要求。但是由于手持设备的硬件处理能力、电源续航能力等问题，限制了 AR 技术在手持设备上的应用。例如，移动 AR 应用程序显示的数据不总是准确的，因为智能手机中的 GPS 传感器不能很好地对准距离使用者所在位置几米远的建筑物和物体。

（二）平面显示设备显示和投影设备显示

最常用的平面显示设备就是 PC 机的桌面显示器，这类设备造价低廉，被广泛应用到办公室、家庭等各种环境，足以满足普通用户的基本需求。在这种增强现实系统中，摄像机获得的真实世界的图像与计算机生成的虚拟三维模型被配准之后在显示器上输出。

投影式显示是将虚拟的信息直接投影到要增强的物体上，从而实现虚实融合。日本 Chuo 大学设计出的 RTNER 增强现实系统可以用于人员训练，该系统将维修提示信息直接投射在要进行维护设备的相应位置，维修人员可以按照提示信息对该设备的相应位置进行操作。通过投影信息提示的方式，可以让一个没有受过专门训练的人员通过系统的提示，成功地拆卸和维护机器设备。投影设备能将图像投影到大范围的环境中。与 HMD、手持设备等相比，投影设备体积较大且受光照影响很大，适合室内的应用环境。同时，投影设备能够直接将真实世界的相应位置进行虚拟模型投影，改变真实环境中物体的表面纹理和真实场景的光照效果。

（三）头盔显示器显示

因为用于增强显示系统的头盔显示器能够看到周围的真实场景，所以叫做透视式（See - through）头盔显示器。透视式头盔显示器一般分为视频透视式（Video see - through）和光学透视式（即 Optical - through）。视频透视式头盔是利用摄像机对真实世界进行同步拍摄，将同步拍摄到的信号送入虚拟场景工作站，在虚拟场景工作站中将虚拟场景生成器生成的虚拟物体模型同真实世界中采集的场景信息融合，然后输出到头盔显示器，令使用者感受到虚实的融合。而光学透视式头盔也配备有摄像头，但是这里的摄像头只是用来拍摄真实场景变换从而确定头盔的位置和方向变化。光学透视式头盔在使用者眼前设置半透明的光学组合仪器，物体直接将虚拟模型同真实世界在人眼中融合，实现增强。

头盔显示器可以给用户很好的沉浸感，并且可以解放用户的双手，但是其缺点也是体积比较大、佩戴不方便、长时间佩戴会令人不适。

（四）虚拟视网膜显示技术

虚拟视网膜显示技术（Virtual Retinal Display，VRD），是华盛顿大学人机界面实验室（HIT Lab）于1991年提出，并于1993年11月开始开发的虚拟现实技术，目的是开发出一种技术可以产生全彩色、宽视角、高分辨率、高亮度、低成本的虚拟显示。通过将已被调节过的低功率的激光束直接照射到人眼视网膜上，使得使用者观看到虚拟的图像，使用者所感觉到的效果好像是在两英尺[①]远的地方观看14英寸[②]的屏幕。

VRD的优点是：设备小而轻，可以挂载到眼镜上；可以产生大于120°的大视角；接近于人类视觉的高分辨率；全彩色，比标准显示屏好的彩色分辨率；足以满足户外使用的高亮度；极低的功耗；真正可以进行深度调整的立体显示；具有透视显示模式。

五、增强现实与现代农业

AR技术不仅在与VR技术相类似的应用领域，诸如尖端武器、飞行器的研制与开发、数据模型的可视化、虚拟训练、娱乐与艺术等领域具有广泛的应用，而且由于其具有能够对真实环境进行增强显示输出的特性，在医疗研究与解剖训练、精密仪器制造和维修、军用飞机导航、工程设计和远程机器人控制等领域，具有比VR技术更加明显的优势。

（一）现代农业概述

实现农业现代化是我国农业发展的目标，也是我国农业发展的基本方向。只有明确农业现代化的内容，清楚地把握我国农业现代化的进程，才能合理地借鉴发达国家的先进经验，制定切实可行的、有效的农业现代化发展战略，进而实现我国的农业现代化。农业现代化主要包括以下内容。

---

① “英尺”为非法定计量单位，1英尺＝0.3048米。

② “英寸”为非法定计量单位，1英寸＝0.0254米。

1. 农业科技进步

从世界范围来看，由现代技术逐步代替传统农业技术，是农业现代化最重要的基础。如果没有或很少有现代技术在农业领域的应用，就没有农业现代化。农业科技进步的主要表现，一是良种化，包括良种研究、筛选和推广，在其他条件未做大的改变的情况下，仅选用优良作物的种籽和禽畜幼种，就可以大幅度地提高单位产量和禽畜产品率；二是化学化，主要指在种植业中施用化学肥料、杀虫剂、除草剂等，在畜牧业中使用各种化学药物、催生激素等，也能大幅度提高生产率。另外还有生物工程科学技术、生态农业科学技术等。

2. 农业劳动力减少

与农业生产力和社会经济发展水平相适应，农业劳动力量与质的总的变化趋势是，农业劳动力的数量从相对减少到绝对减少，劳动者素质不断提高。发达现代化国家的特点都一致地表现为农业劳动力绝对数量的下降，在劳动力就业结构中则表现为比例相对下降，这种农业劳动力绝对量和相对量下降的趋势，正是农业现代化的一个重要标志。

3. 农业劳动组织与生产规模扩大

农业劳动组织是包括农业产前、产中和产后在内的，从农用生产资料的生产到农产品的最终消费的社会全过程的劳动组织。农业生产规模是指农业生产中的生产经营规模，可以通过产量、产值和盈利等经济指标表示，也可以用拥有土地面积和其他生产资料及资产等指标来考察。随着社会生产力的发展和农业社会化程度不断提高，农业劳动组织和生产规模迅速扩大。

4. 农业产业结构优化

农业产业结构优化是指推动农业产业结构合理化和高度化发展的过程，实现农业产业结构优化是我国农业现代化建设的主题之一。农业产业结构实质上是农业内部各行业、各品种生产的比例关系，最基本的包括两个层次上的产业结构，一是农业生产中农业内部种植业、林业、畜牧业和渔业产业之间的关系，二是各产业内部不同类型和品种等的内部生产结构间的关系。随着农业生产力和社会生产力的发展以及在此基础上社会对各种农产品需求的变化，必然导致农业内部比例关系的相应变化，所以实现农业现代化就是要通过农业产业结构调整，实现农业产业结构的优化。

5. 农业生产区域化和专业化

农业生产区域化和专业化二者既有联系又有区别。农业区域化是指根据该地区的条件和特点，主要生产某一种或少数几种农产品，以便发挥其优势和长处，从而形成各类不同区域、不同特色的农产品生产布局结构。而农业生产专业化通常是指在农业生产活动的纵向发展过程中，将其生产活动从原有生产过程中分离出来，分离越细、越多，说明农业专业化程度越高，这种反映农业生产中农业细化的过程称为农业专业化发展。农业专业化发展使某一农业经济单位专门从事一种或与之相关的几个品种的生产经营活动。农业生产的区域化和专业化布局，总是与农业现代化发展方向保持一致，即农业现代化水平越高，区域化程度和专业化程度也越高。

6. 农业服务社会化和商品化

农业服务社会化和商品化是社会生产力和社会分工发展到一定程度的必然。农业现代化要求为农业产前、产中和产后全过程、全方位服务的社会化和商品化，如为农业发展提供生产资料、农产品运输、加工、保存和销售，以及在农业生产过程中各种社会性的产品和劳动服务等。

7. 农业增长生态化

现代农业还是生态化的农业，农业现代化要求告别高消耗、高污染的农业增长之路。现代农业必须是可持续发展视野下的新农业，是与环境协调发展的新农业。在推进农业现代化的过程中，农业将实现生物技术与化学技术相结合、生态农业技术与机械化相结合，最终创造一个清洁干净的新农业，一个与生态环境互利互惠的现代农业，实现人与自然的和谐相处。

（二）增强现实农业展示

农业中农作物单位面积产量的提高具有重要的经济和社会价值。作物种植密度的大小是直接影响其产量因素之一，在一定的范围内作物的产量随着密度的增大而提高，当密度达到一定值后，增加密度反而使产量下降，合理的密度种植可以有效提高作物的产量。另一方面利用移动跟踪技术可以检测农作物的生长状况，如病虫害的检测等，协助管理与决策，这在一定程度上也有利于提高农作物的产量。

农业展示系统首先利用移动终端检测农田中农作物的生长数据，如品种、种植密度和生长周期，对农作物进行增强现实展示，协助管理与决策，最终到达提高农作物产量的目的；然后将提出的 MAR 跟踪技术应用到对某个时期（如成熟期）的农作物的增强现实展示，通过对真实农作物图像与数据库中健康农作物图像进行对比，分析农作物是否有病虫害情况发生，并给予建议处理等信息。

（三）增强现实卫星探测

在增强现实与 GIS 的结合应用中，增强现实技术为 GIS 的空间地理数据提供可视化手段，而 GIS 为增强现实技术提供空间地理数据的存储、管理与分析等功能。GIS 空间地理数据的多源异构特点决定了增强现实 GIS 的空间地理数据集成的必要性。

由于增强现实与 GIS 的户外结合应用不受地域的限制，因而所要增强显示的空间地理数据拥有多样性。总体来说，所要增强显示的空间地理数据分为两种，一种是二维虚拟物体（比如兴趣点），主要用来对现实世界中的景象进行注释说明；另一种是三维虚拟物体（比如三维线、三维面以及建筑物模型、树木模型等），主要用来对现实世界中的景象进行模拟显示。

目前，有学者在户外增强现实 GIS 的空间地理数据获取方面的研究采用的是从本地移动终端存储的数据中获取的方法。这种从本地数据库中获取空间地理数据方式被称为 C/S（客户端/服务器）结构的两层架构模式。如果采用这种模式将这两种类型的所有空间地理数据均存储在移动终端，势必要求移动终端具有很强的数据管理和分析能力。虽然这种模式下的空间地理数据的获取速度较快，但大量的数据管理无疑加大了对移动终端硬件的性能要求，大量复杂的数据查询和分析计算必定会导致移动终端出现诸如供电不足等问题，进而限制了户外结合应用的活动范围；同时移动终端也面临着空间地理数据更新困难等缺点。这些都会降低两者户外结合的应用体验。

面向服务的空间地理数据集成是在面向文件的空间数据集成和面向数据库的空间数据集成发展之后提出来的一种新的 GIS 数据集成方法，它以 Service GIS 技术（一种基于 SOA 架构的 GIS 技术体系）为依托，按照一定的技术规范把 GIS 的全部功能以服务的形式发布，可以跨语言、跨平台地被多种客户端调用，并可以集成来自其他服务器发布的 GIS 服务。

（四）增强现实农作物生长追踪

农田农作物因生长相对缓慢，短时间内可视同为静态目标。在系统地梳理 MAR 相关理论及技术、分析现状和问题的基础上，基于相关工作实践，首先给出一个面向农作物识别的农业 MAR 展示系统架构（图 2－4），其中农作物移动跟踪是其关键的实现技术。

一个完整的面向农作物识别的农业 MAR 展示系统主要包括农作物信息采集、农作物识别、农作物跟踪、场景渲染、数据存储与访问等功能模块。首先，图像采集和农田定位模块采集农作物的图像，并与数据库中的农作物特征进行匹配，完成农作物的识别。然后在对农作物识别的基础上进行农作物移动跟踪，确保农作物目标稳定在跟踪范围之内。最后通过场景渲染模块，将虚拟物体准确融合在目标物体上，在智能手机上进行 AR 显示。

农作物目标识别可运用成熟的 QUALCOMM Vuforia 技术实现，而农作物移动跟踪因为智能手机位置的不断变化如左右倾斜或前后俯仰产生目标偏

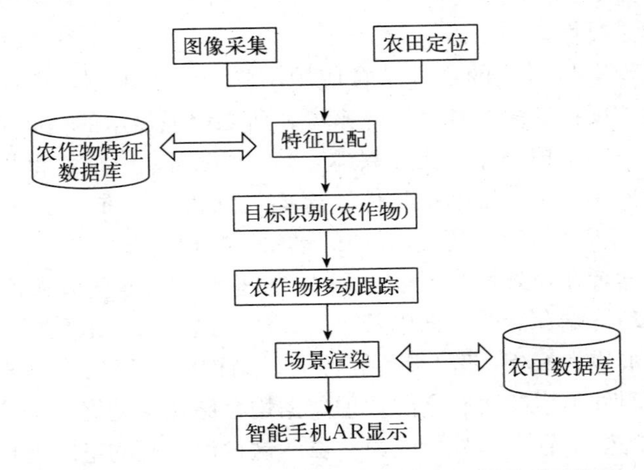

图 2-4 面向农作物识别的农业 MAR 展示系统架

移，易导致跟踪目标丢失。

目前传感器基本成为智能手机标准配置，其中方向传感器可用于检测手机本身处于何种方向，适合矫正因手机位置的不断变化产生坐标偏移。因此，提出了一个基于方向传感器的移动跟踪技术实现解决方案，以能实现对农作物稳定的、连续的跟踪。

图 2-5 给出了基于方向传感器的移动跟踪技术实现。QUALCOMM Vuforia 在进行目标识别的同时建立了目标三维特征点与平面图像特征点的匹配对，这有助于目标的初始跟踪。基于方向传感器的移动跟踪主要由摄像机跟踪和方向传感器矫正特征映射两个步骤实现：摄像机跟踪目的是确定摄像机的姿态，使得虚拟物体能实时准确地融合在真实物体上，即确定目标物体在摄像机中的位置，分为两部分内容：特征跟踪和摄像机标定。当摄像机移动时，由方向传感器检测因摄像机位置改变产生的坐标偏移，并对识别出来的目标位置进行矫正，从而实现对农作物目标的实时跟踪。

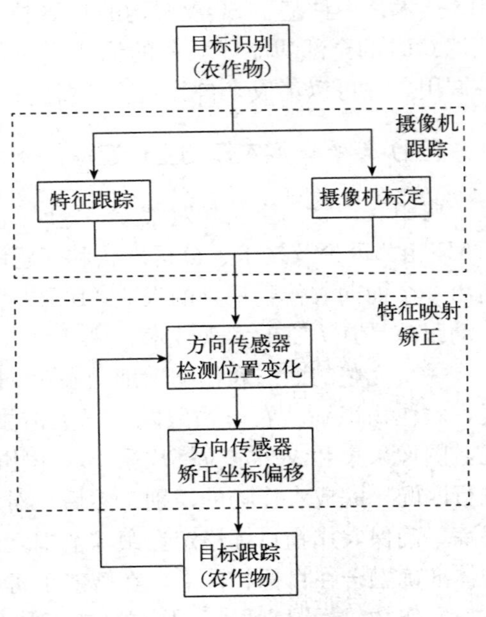

图 2-5 基于方向传感器的移动跟踪技术实现

第三章 增强现实技术与互联网营销

一、互联网营销概念

互联网营销实质上是利用互联网这个工具开展一系列的营销活动，这是从宏观的角度对互联网营销进行定义。除此之外，我们还可以从狭义角度对互联网营销进行定义，它是指公司或团体通过互联网硬件设备，并利用互联网的技术，将自己产品或者服务宣传到需要的人群当中并产生交易的一个过程。

（一）互联网营销现状

根据 2015 年的统计数据，全世界的网民人数已经接近 30 亿，中国地区的网民人数位居全世界第一，已经达到了 6 亿人。我国互联网与计算机技术出现在 20 世纪 90 年代末。在同一时期互联网营销技术已经在全球盛行，它打破地域的限制迅速实现全球性的营销，不受各种政策束缚。20 世纪 90 年代，我国互联网经济技术主要开始于通信行业以及计算机行业、金融行业等，之后经历了邮箱营销，网站推广等信息技术，让互联网营销行业从此迈向了一个新的台阶。

从 20 世纪进入 21 世纪后的五年，我国许多公司开展了互联网营销技术，招聘了许多互联网技术人员，打造了大量的独立官方网站，最初推广的效果不令人满意，主要原因有以下几个方面：第一，网站建设过于简单，随便弄个域名，买个网站代码，就组建了官网，这些网站千篇一律，没有自己特点，不具备视觉上的良好效果；第二，这些网站没有专门的营销思路，在整个网站架构上没有从满足消费者的需求角度设计，不能够紧紧地抓住客户需要，不能够让客户产生购买产品的冲动；第三，由于建立了官方网站后缺乏宣传手段，官方网站曝光率不足，大大影响了产品的互联网营销效果。

21 世纪初是 PC 计算机的黄金十年，也是我国互联网营销从不成熟到成熟的一个时期。越来越多的成熟企业，通过建立自己的官方网站，通过互联网营销的手段，将自己官方网站宣传出去，订单从各个渠道涌入，流量转化率非常高。这个阶段通常使用的营销技术有：一是群发邮件营销手法；二是视频广告营销手法；三是门户网站进行广告宣传；四是社交软件进行互联网营销活动。

例如：经常用到的软件有腾讯公司微信软件、搜狐门户、视频广告收益最好的优酷网。近几年来，我国互联网规模已经达到了世界第一，互联网购物已经成为了中国经济重要的组成部分。据有关数据统计，我国的网民已经接近6亿人，平均每星期每人花在互联网上的时间超过30个小时。

2010年之后，我国智能手机获得高速发展，近几年智能手机终端普及，智能手机客户端作为互联网新兴终端，引领了新一轮经济浪潮的到来。例如我国最大的网络零售企业淘宝网站数据显示，购物消费者当中70%以上的买家，都使用智能手机作为互联网购物的终端。连美国媒体都不得不承认，当今中国已经在互联网经济和技术方面引领全球。

今天互联网营销的首要选择不是简单而传统的广告，经过多年发展，大家追求的是最好的网络广告模式。而现在营销阵地中移动端营销大肆增长，流量早已超过了PC流量，其中最大的原因就是移动端的消费便捷很受欢迎，如京东到家等。随着互联网移动终端的普及，利用智能手机进行购物的习惯，已经深入民心，许多传统企业已经考虑将官方网站变成响应式网站，既适应PC计算机登录，又可以适应多种终端进行登录，例如，手机终端、iPad终端、移动电脑终端等移动设备都能够正常登录官方网站，并实现整个购买过程。近年互联网企业，例如阿里巴巴已经将移动终端的发展列入到了企业战略发展方向，并把大量的流量引向淘宝，这一做法已经成为互联网移动经济的重要支柱。

互联网营销的地位越来越重，但我国互联网营销仍存在以下问题：

1. 企业信息化意识有所提高，但对网络利用程度参差不齐

根据有关数据显示，我国传统企业当中能够将互联网营销工作列入到工作议程上的只占25%，早期发展的一些行业，例如金融行业、通信电子行业、电子商务行业等，这些行业的信息化程度比较高，企业领导者的理念比较到位，但还有3/4的传统企业领导者，没有很好地树立企业转型升级的意识，对互联网经济到来还是反应迟钝，他们绝大多数还在采取传统的电话拜访、上门拜访等传统销售渠道，高成本在繁华商业地段进行宣传的营销手法，这样一来，在大环境不景气的当下，会使生产成本大大增加。

2. 互联网营销部门在企业营销组织中的地位尚不突出

国企是我国互联网营销部门设立得比较早的企业，此外还有全国大型的互联网公司。例如：阿里巴巴、百度、腾讯等，这些企业的主要销售方向都是通过互联网进行营销，主要客户也是通过互联网手段得到。由于2008年以来全球经济的不断衰退，各国企业都受到一定的影响，尤其是对于一些新创立的中小企业来说，通过门槛较低、成本较低的互联网营销渠道，不断地发展自己的客户，企业是很难由小做大的。

3. 网络竞争意识不强，对互联网营销认识不清

不论是从全世界角度来看，还是从国内的一些品牌发展来看，许多企业由于没有抓住互联网经济营销工具，没有很好把握互联网经济大趋势，错过了许多产品推广和发展机遇。但也有与之形成鲜明对比效果的是小米手机品牌，它已经超越日、韩公司手机销量以及品牌地位，这都是源于即时提高竞争意识，好好把握互联网发展趋势的结果。

4. 互联网营销总体策略水平不高

互联网经济是近十年快速发展起来的，但已经开始蔓延全世界，中国互联网企业异军突起，其中成为代表的企业公司有：百度网站、阿里巴巴旗下的淘宝网、专卖电器产品的京东网，专卖高端奢侈品的唯品会。上面所说的这几家互联网企业，是营销策略水平相对较好的几家，总体来说，全中国乃至全世界互联网营销策略水平总体偏低，这已经是客观存在的事实。

5. 互联网营销服务仍处于较低层次

互联网营销处在一个初级阶段，我们从阿里巴巴收购万网来看，收购之后的网站，不单只具有购买域名的业务，还开拓出了一站式搭建网站服务以及二手域名买卖的市场服务。但是大多数的国内域名网站还是处于传统的营销观念之中，这些企业主要有新网、美橙互联。

（二）互联网营销定义

广义互联网营销概念主要是指利用互联网这一个工具，通过不同的方法，获取精确的客户信息，并采用低廉营销渠道，迅速地开展营销活动，整个过程通过网络硬件和应用软件展开。互联网营销的定义来源于 20 世纪末期较发达的欧洲和美洲的企业，他们通过现在的互联网，开展了一系列的产品销售活动，并取得了一定经济效益，通过总结和完善，最终提炼出互联网营销的一些有效做法，从而达到了推广企业产品的目的。在我们日常生活中，互联网营销还可以被称作为网络营销，或者线上营销，或者电子营销，所有这些通俗称呼，都是互联网营销的另外一种表现形式，不论称呼是什么，都是以互联网作为主要营销渠道，并使用互联网技术和思维，达到宣传产品和满足买家需要的一个过程。通俗意义上的互联网营销是指以网络作为营销渠道的一种推广方式。互联网营销具有非常突出的特点，它具有实践性和目的性，具有许多优势，尤其是在控制成本方面最为突出。

如果从更深层次的角度去定义互联网营销，我们可以这么理解，互联网营销是借助互联网各种聚集人气的网站，通过适当的方法，取得买家的信任，解决买家的需求，从而将满足买家需要的产品推荐到买家眼前，实现买卖成交的一个过程。简而言之，互联网是进行商品营销的一个大平台，互联网的每一个角落，每一个区域，每一个人气网站，都会成为销售的战场。随着互联网营销的不断发展，传统中小企业也重视起来，许多企业管理者们对互联网营销始终没有一个概念，更没有进行系统的学习和了解，下面我们从以下几点对互联网营销进行一些阐述。

1. 互联网营销不是网上销售

目前许多网民认为，互联网营销等同于网上销售，其实两者之间还是具有一定的差别的，互联网营销是实现产品销售一个很好的手段，这个手段往往比结果更重要，因为它本身不只是销售产品，还加强与客户之间的沟通，还增加品牌的价值，还拓展产品销售的渠道，还提高客户服务体验，这比单纯的产品销售得到的好处要多得多。另一方面，网上销售不等同于不可以进行线下宣传，许多网络商店的销售，从起步开始，往往是借助线下实体店的宣传积累人气，慢慢为顾客养成消费习惯，为顾客提供生活便利，才能够拓展网上销售数量。

2. 互联网营销不等于网站推广

网站推广只是互联网销售的方法之一。互联网营销的范畴要远远大于网站推广，不论是前者还是后者，最终目的都是为了卖出产品，但是通过网站推广的方式，卖产品是比较单一的，必须让消费者对网站有了信任，才能够不断成功出售产品。另一方面，互联网营销的方法有很多，可以利用QQ群营销的方法，可以利用邮件营销的方法，等等，所有的这些营销手段都必须经过一个信任的过程，只有在取得了消费者信任之后，他们才会尝试性地购买产品和使用服务。所以说互联网营销的手段多种多样千变万化，它包含了网站推广。

3. 互联网营销是手段而不是目的

当今互联网经济时代，许多进行互联网营销的人员，长期从事销售工作，往往迷失了自己，过多地强调销售技巧以及方式方法，但忘记了最终营销的目的——就是将产品和服务兑换成价值。许多刚开始从事互联网销售的人员会忽略这个最基本问题，影响了销售的成绩，过多重视营销表面上的手法，忘记了营销中最主要的目的，那就是如何取得信任，并卖出产品。

4. 互联网营销不局限于网上

在当前互联网经济的社会，许多年轻人开始创业，都认为互联网营销就必须纯粹的线上营销，不一定需要实体的帮助。这个问题在企业起步阶段可以这么理解，但是企业发展到一定规模的时候你会发现，企业不能突破瓶颈，不能进行销量上的突破，销售上的翻倍。其实这些问题的关键都在于企业发展到一定阶段，必须要线上和线下销售一起结合发展，才能更突出产品体验性，才能更好地赢得消费者的信任，销售出更多的产品。

5. 互联网营销不等于电子商务

他们两者之间的定义是完全不同的，电子商务只是一种盈利的模式，互联网营销是进行产品销售的一个重要手段和途径。电子商务是互联网经济刚开始的一个基本盈利模式，它开创了互联网经济的初级阶段，随着互联网经济的不断发展，互联网营销的渠道不断拓宽，电子商务这种盈利模式也被淘汰，取而代之的是更多灵活的取得消费者信任的互联网营销手段和方式。

6. 互联网营销不是孤立存在的

互联网营销在企业发展的不同阶段，所起的作用不同，它所依赖的环境不同，着重点也不同。可以这么说，互联网营销从一开始到做强做大的整个过程，都不是孤立于其他客观条件而存在的。首先，互联网营销必须要符合整个企业的战略方向和定位。互联网营销的精准客户决定了互联网营销的战略和方式。互联网营销在企业的初级阶段，可以作为侧重点进行发展，当企业发展到中后期，必须紧紧地依赖线下的实体店发展，创造出良好的线下客户体验，才能够相辅相成，不断壮大，快速发展。

（三）与传统营销模式之间的区别

菲利普·科特勒在 20 世纪 80 年代从人类活动的角度，对传统营销的概念作出了一个定义：在过去几十年，传统营销的手法是必须先经过市场调查，然后寻找买主的消费需求，根据需求设计能够解决问题的产品，并定位消费者可能出现的地方，进行产品的销售宣传，最终达到售出产品换取价值的一个过程。他还在自己的另外一部著作中提出，传统的营销手段是过去几十年企业发展的手段，也是最基本的工作之一。如果企业只能够客观地分析出客户的需求，不能够在技术上和体力上解决客户的需要，那么传统营销的整个过程就会受到影响，整个企业的销售业绩就会大打折扣。如果是用经济学的语言进行概括，传统营销其实就是不断地发现客户需求，不断地开发出产品，不断地提高客户体验的一个过程。这个过程还涉及企业对市场的调查，企业的技术产品研发，还涉及企业的宣传渠道等许多重要环节。

互联网营销市场的三个主体是，产品卖家、消费者、产品或服务。互联网营销市场只是连接三者的渠道发生了改变，不是传统当中的实体店，也不是传统宣传单中的媒体，比如电视电台，它是互联网络上的电子信息，包括了图形、声音、文字以及视频等。它与传统很大的不同就是它利用最低的成本，实现了全球信息互联和共享，它不但改善了人们的业余生活，更是一种宣传产品的便利渠道，不需要过多的投入，也不需要走出家门，只要通过科学的营销方法和环节，就能够快速地找对消费者并迅速地取得消费者的信任，让消费者产生购买的冲动，将产品或者服务转变成价值。虽说目标相同，但具体实施中还是有些许不同。

1. 消费群体不同

首先，据不完全统计，目前绝大多数进行互联网消费的群体70%以上都是80后、90后，他们具有较大的消费可塑性，他们对新鲜事物以及新潮流的接受能力要比40岁以上的人快。其次是能够跨越国界，跨越地域，有针对性地营销推广，适合18～39岁年龄阶段的产品，也就是说消费群体的属性最终决定了营销产品的种类。

2. 市场形态不同

传统的市场销售与互联网市场营销，他们最大的不同就是在货物的供给方面，传统市场必须要有实物给消费者体验；互联网市场销售的产品可以先造势，并让消费者提前在网络上进行预订，再通知工厂企业进行生产，这两者之间最大的区别在于，销售之前不需要经过大量的资金使用、库存的占据。在这里取得很好成果的例子，就是小米官方网站，他在销售每一个新产品、每一个新型号的时候都采取了预定销售的方法，通过网络上的需求，最终去决定生产的数量，不论在生产成本方面还是在整个流转环节当中，大大减少了各种开支，这是传统市场无法比拟的。

3. 竞争状态不同

传统营销具备的优势无非在于资金多，产品市场占有率高，通过多家实体店铺能够快速地进行市场销售，对小企业进行打压，并快速抢占某些区域市场。在新的互联网营销环境下，微小型企业面对的都是全球消费者，不会受到区域大企业的挤压，也不会因为自己的资金链太少，被大企业资金恶性竞争所垄断。在这个新的销售渠道里面，只要微小型企业能够更好地解决消费者需求，产品能够快速地宣传到世界各地，它一样可以跟许多大型企业进行竞争。从某种程度上来说，这样的市场更倾向于平等公平，更有利于经济的良性竞争和发展。

4. 营销目标不同

传统营销策略最终是为了快速销售产品、回收成本、赚取利润，他们进行营销的环节无非就是通过不同销售渠道，提高产品的零售价格。然而互联网营销，它除了能够像传统营销一样，提供完整的产品属性之外，它更多地给予顾客优良的客户体验。例如，使用产品的便利性，能够以最低的成本获得产品，还能实时与厂家沟通，更好地维护消费者售后利益，这些是传统企业不能够很好做到的。

5. 营销方式不同

传统营销的方式主要是通过在短暂的时间内快速取得客户信任，让消费者产生购买产品冲动。营销方式很难在短时间内达到理想的效果。互联网营销方式方法千变万化，可以争取不同空间、不同时间进行无限制营销，它可以通过长时间的信任的培养而售出产品，它不会占有消费者许多时间，在空间上节省了消费者的成本。

6. 营销媒介不同

传统营销活动或者方式通常有展会、电视宣传和报纸媒体广告，这些宣传媒体成本较高，对于互联网营销产生的成本来说，前者往往是后者成本的几倍之多。互联网宣传的媒介产生长时间效益会比传统媒介效果要好得多，比如网络上推广的广告，在几年之后，还能够通过引擎搜索到，然而传统媒体的报纸广告，仅仅只能保留在很短暂时间之内，不能够发挥长时间广告的效应。

7. 分销渠道和过程不同

传统销售渠道，都会采用层层加价，层层代理的方式，从全国到省、从省到地市、从地市到县镇。每一个环节商品的流转，都会增加产品本身的成本。产品销售之后消费者使用出现了信息反馈，又不能第一时间传递到生产厂家，让厂家快速适应市场需求，做出快速产品升级。另外一方面，互联网销售渠道往往减少了空间上和时间上的环节，它是生产厂家通过互联网各种方式直接把产品展示在消费者面前，消费者能在最短时间和空间内获得产品，并能够以最低产品价格得到产品。不论是对于低价格获得产品，还是对于使用产品后售后反馈，都比传统销售渠道的效率要高出几倍之多。

（四）互联网营销的优势

利用互联网渠道作为企业产品营销盈利方式可以缩短时间和空间上的浪费，降低产品中的销售价格，能够快速获得客户，同时厂家能够参与消费者的沟通与信息反馈，对企业快速抓住市场变化，升级换代产品满足消费者更高需求起着极其重要的作用。互联网营销实施以来，已经在各个传统行业，在各个国家和区域范围内取得了很大成功，它比起传统营销方式具有很多优点。

1. 高效率

环节较少，能够跨地区空间不受时间约束，无论是白天还是晚上都可以借助机器自动化实现互联网营销，不管是时间上、空间上还是产品的价格上均大大降低了成本，对于消费者来说，能够最快速度和最低价格获得产品，并在使用当中能快速反馈使用感受以及新的客户需求，对于降低产品成本，快速占有市场等方面都是传统营销无法比拟的。尤其是能够进行产品的预销售，有规划地进行生产，缩短了资金流转，减少了产品储存与运输环节。

2. 低成本

据权威调查：在全球企业数据中，同一行业里面的企业开发同一地区所使用的成本，互联网营销的方式往往是传统营销方式成本投入的10%左右。消费者获得产品信息的速度方面，互联网营销信息传播的速度是普通营销渠道速度的20倍。由于互联网营销借助的是通向全世界的网络，不受空间与时间的影响，可以借助计算机程序以及硬件实现24小时365天的运作。传播的范围之广，传播的速度之快，以及信息存留于互联网络当中，所产生的长期宣传效应是线下传统营销无法做到的，成本仅是传统营销的1/10。尤其是对于初创型微小企业来说，刚开始进行产品销售可以不装修实体门店，直接在网络上针对精确消费者进行营销，这对于刚创业的微小企业主来说，可以用最低的成本和最好的运作方式，提高创业成功率。

3. 广范围

由于互联网的硬件设施以及互联网本身的协议，没有空间上以及时间上的束缚，只要拥有上网的终端，不论PC终端还是移动终端，都有可能迅速地将产品信息传播到世界的另外一端，同时借助于一些大型的社交软件和网站，可以快速地传播产品信息，最低成本最大范围地进行产品信息宣传。人类实现产品生产以来，很少能够使用这么低的成本，可以开展全球区域产品宣传和推广，这种推广方式的影响力是史无前例的。

4. 低丢失

传统营销的渠道由于环节过多、代理过繁，往往最终到消费者面前的产品信息会有很大出入。传统渠道宣传的产品信息，在很短暂的时间内产生宣传效益，过了宣传期就容易灭失。互联网营销产生的信息能够长时间地，几年十几年地保存在互联网当中，有需求的消费者随时通过引擎搜索，就可以将以往的商品信息一并搜索出来，随着互联网销售信息的累积，一个产品的销售宣传力度也随之不断积累，从宣传的效果上来看，随着时间的增加会产生量变到质变的积累。

5. 新思路

随着互联网进入大数据的时代，不论国际万维网，还是企业内部局域网，还是现在的云端技术，它们都能够根据企业本身产品的特点，进行数据分析和定位，将最精确的消费者找到，并通过最低成本推广方式，将产品信息展现在消费者面前，从而最大可能地将消费者变为产品的购买者，实现产品的价值兑现。这个过程可以不断地结合实际情况，层出不穷地随心设计，适应整个市场的快速变化，这是传统营销行业无法做到的。

6. 大趋势

随着互联网经济的到来，世界互联网销售经历了由初级阶段到更高阶段的发展，中国最大的互联网公司阿里巴巴集团，拥有阿里云端服务器群，它已经成为了全世界最快的服务器。它能够满足一天几百亿金额的数据结算，比国外最快的服务器的速度还要快。这是中国互联网公司所取得的令人瞩目的成绩，也是大数据时代到来的标志，我们只有顺应时代的发展，才能够更好地满足消费者需求，才能够最低成本推广产品，才能快速占有市场，才能更好地发展企业。此外，无线移动终端的快速发展，又是互联网经济迈向更高台阶的一次机遇。

二、互联网营销模式

（一）互联网营销特点

正如腾讯科技公司董事局主席马化腾所描述的，互联网技术就像第二次工业革命的电力一样，已经渗透了所有人类社会领域包括工业和生产领域。它影响了人们工作和生活的方方面面，它能高效率地改变各个领域效率低和成本高的许多问题，这就是互联网经济的力量，也是互联网技术的力量，通过发展，它具有以下几个突出的特点。

1. 鲜明的理论性

一个成功的互联网营销专家，必须具备多个领域方面的才能，才能够设计出最好的营销方案，培养出最优秀的营销人才，他既要懂得计算机网络技术，更要懂得消费者的心理，只有同时具备了以上的能力，通过多年的实践才能够制定出一套完整的、可行性好的、成效显著的营销方案，才能够花最低的成本，达到最高的产品盈利。不论几十年以来人类总结出来多么好的传统营销理论，都无法与目前互联网营销的理论相媲美。因为发展到现阶段的互联网营销理论，已经是整合人类营销的精髓，并通过大量的实践和总结才能得出来的，低成本高效率的营销模式。可以这么说，自从互联网营销理论出现，所以有传统营销方式都显得苍白无力。

互联网营销理论的出现，它主要开创了以下几个方面格局：第一，它直接冲击了传统营销理论以及实践；第二，互联网营销的理论和实践给微小企业的发展注入了新的能量，使得小企业与大企业的公平竞争得以实现。第三，所有用好了互联网营销手段的企业，他都以最快的速度在成长，只有把互联网营销作为寻找客户的主要手段，并提升到企业最高战略，企业才能够突破瓶颈快速成长；第四，许多发展成为世界级500强的企业互联网营销部门以及战略规划，都是他们核心竞争力的重要一环。

2. 市场的全球性

由于互联网营销借助的是移动终端或者PC终端连通世界网络，渗透到全世界区域国家当中，甚至连接全世界每一个家庭，它的跨国界性与跨时空性是一般营销渠道无法比拟的。由于互联网协议本身的开放性，又决定了它没有受到各种政策束缚，不受到客观环境的影响，互联网网络24小时365天都保持畅通。随着传统市场竞争不断加剧，实体店铺经营成本越来越高，金融风暴影响下，全球各个国家地区的物价以及人力资源成本不断上升，迫使人类寻找一个更快捷高效、跨地域、低成本的营销渠道。互联网营销就具有以上特征，是能够解决以上问题的一个主要载体。通过几十年的不断实践，已经得到了各个领域的认可。互联网营销不会因为天气的变化、时空的障碍影响到产品信息的传播以及销售。这种便利性、低门槛和高效率特性，决定了它能够迅速在全球蔓延和发展。

3. 资源的整合性

要完整地实现互联网营销的整个过程，涉及人类生产和生活中的许多领域，必须借助已经成熟的资源以及科学理论，才能更有效地进行低成本的营销，这是一个复杂的过程，更是一个优化和整合的过程，涉及销售心理学层面，更涉及计算机网络技术方面、企业战略布局方面以及高性能网络终端设备的购买与应用，这是一个综合服务的系统工程，也是各种资源优化整合的一个过程。尤其是当前最热的滴滴打车，它是线下出租车与线上互联网思维的一种高度整合，已经得到了国家的许可，并且受到国际各种资本的追捧，尤其是苹果公司对其投资了10亿美元，更加证明了互联网经济通过整合资源创造的神奇。我们可以看到由于应用软件的不断升级换代，许多效率极低的工作都可以通过应用软件得以高效实现，同时它又具备了多盈利性的特点，可以满足多方的经济需求。它可以通过高度整合的方法，同时满足多家公司多个团体的经济利益。

4. 明显的经济性

互联网从诞生之初，身上就具有强烈的经济属性，它能够跨越国界，它能够隔空传物实现某些服务，它能够24小时365天运作，它能够将产品最新信息送达到需要的消费者面前，它具有很高的便捷性和移动性，它的成本控制、信息传播以及工作效率都已经远远超出了传统工具。在任何一个领域当中都有可能产生微妙的变化，甚至产生几何级经济效应。我们众所周知的阿里巴巴集团在2015年，总营业额已经超过万亿人民币。这么庞大的营业额，已经超过了我国个别省份的 GDP 总额。一家民营企业能够取得如此大的经济成就，得益于互联网经济的发展以及互联网技术的应用，它满足了人们生活的需要，提高了人们购物的体验，这一切都促进了互联网经济的快速发展。这也是互联网营销能够快速蔓延全球的主要原因之一。

5. 市场的冲击性

由于互联网营销带来的便捷性、高效性和跨越性，都是传统营销无法实现和达到的，它对传统的营销市场和行业造成了本质上的冲击，同时它又是在传统营销理论的基础上，升级整合的产物，与其说它是一个新生的事物，还不如说它是一个高度整合、高度升级优化之后的产物。它的出现必然会对产品销售市场带来本质上的冲击与颠覆。

6. 极强的实践性

众所周知，互联网营销的理论是整合了各个领域的营销理论，升级优化而来，它是通过理论到实践、实践到理论的一个反复过程，不断的提升、不断的整合、不断的优化之后的产物，实践是打造互联网营销理论的唯一试金石，也是互联网营销能够快速全球化的主要因素之一。不论计算机领域，还是网络技术领域，还是营销领域，没有极强的实践性是很难做到知行合一的，更难取得市场的肯定。

7. 传播的多样性

互联网发展到今天，许多软件的诞生已经解决了各个行业当中工作效率和生产效率的问题，所有这些效率的提高，所付出的成本都是比较低廉的，尤其是互联网营销的出现，打破了传统媒体比较单一，成本门槛较高的局面。互联网是一个神奇的平台，许多媒体可以借助该平台进行文字图像等的传播。同时由于软件技术的不断创新与应用，许多软件可以在互联网这个大平台上，实现自己媒体性质的传播，它可以传播视频图像，也可以传播声音文字，它也可以与移动终端相联系，快速实现媒体信息的传播。这对于营销人员创新互联网营销方式与方法，提供了很好的客观条件。

8. 营销的高效性

由于互联网营销借助了最先进的移动终端或者 PC 终端，具有人工智能数据分析的能力，在处理大量数据与信息方面强于人力。它的高效性已经在全世界各个领域取得令人瞩目的成绩。众所周知的淘宝“双 11”购物节在 2015 年，当天的营业额已经达到了 900 亿元之多。这么庞大的销售额的完成，需要强大的服务器，更需要各种系统的完美配合，尤其是银行金融系统，它涉及大量数据的结算与传输。淘宝一天之内完成这么庞大的销售额，相当于亚洲一些小国的 GDP。这些巨大成绩的取得，如果不借助高效的互联网和计算机设备，是难以得到实现的。可以说人类未来的社会进步，已经离不开互联网所带来的高效贡献。

高效性不止表现在数据处理上，同时表现在信息沟通与反馈上。由于互联网营销具有高度的互动性以及高效的沟通性，所以消费者之间基本上可以进行实时的交流沟通，及时解决产品带来的问题，也可以及时收到消费者的使用信息反馈，不断发现新问题不断满足客户的新需要，这是传统营销方式无法做到的。

9. 高度的成长性

互联网营销具有高度成长性，因为它不需要高学历，只要对互联网能够产生兴趣的正常人，都能够快速的上手，而且不受制于学历和专业的束缚，能够通过兴趣快速成长为一个专家，或者这方面的人才。小学以上的正常人都能正常掌握 PC 终端或移动终端的操作能力，正常人都可以利用互联网营销手段进行产品的销售获得个人的利益。随着全世界互联网经济的兴起，尤其是当地资源比较匮乏的地区，他们通过互联网营销，将当地比较有特色的产品进行互联网销售，摆脱了地理空间上的劣势，走出了一条脱贫致富之路。

10. 较高的技术性

互联网的出现无论从硬件技术方面还是从软件编程方面，都具有强烈的技术特征，只有软件和硬件高度整合，通过市场的合理引导，能够发挥出互联网营销工具的最大能量。中国最大的互联网公司阿里巴巴集团，它旗下有两家分公司——阿里云分公司和支付宝分公司，每一家公司的估值都已经达到几百亿的体量。这两家公司都是技术服务公司，它们结合了互联网发展的需求，提供了强大的技术支撑，创造了许多互联网经济的奇迹。

11. 营销的个性化

由于互联网的便利性以及互联网高信息承载的特性，许多互联网通信工具将沟通的成本降到了最低，它是快速连接生产厂家与消费者的通道，快速满足消费者的需求，使得许多个性化的消费能够第一时间得到满足，许多个性化的产品也由此得到创新。互联网低成本的沟通方式，能够快速让各种消费者找到自已的需求，并可以第一时间联系上厂家和服务商，提供个性化产品满足个人私有化定制，从而实现个性化消费。

（二）互联网营销途径

互联网营销的途径经过几十年的发展，已经渐渐成为了一个热门的行业，它通过整合许多领域的科学知识以及资源，全国人才队伍越来越壮大，在越来越多领域取得了成功，随着时间的推移，通过邮件群发、广告弹窗、QQ 群、会员制营销、引擎排名等许多互联网营销手段，在各个领域取得了阶段性成功。它为刚开始创业的个人打开了整个营销的局面，为个人创业助力。下面我们逐个讨论各类互联网营销的策略和手段：

1. 搜索引擎注册与排名

搜索引擎的排名是借助行业的关键词被搜索引擎关注，有消费意向的购买者在引擎上搜索关键词，可以看到企业的网站排名，通过网站展示的产品特性，提高产品的信任度，增加企业产品宣传，获得了高质量流量以及展现度，从而实现产品从展现到价值的实现。搜索引擎排名的互联网营销手段，从一开始到现在从来没有过时，它是我们最常见、最有效、最经典的互联网营销手段，但是该手段投入成本比较高，排名效果需要时间积累，不能在短时间内一蹴而就，需要不断优化关键词，它分为两种：SEO 与 PPCSEO，这两种方式的引擎优化都是建立在互联网技术基础之上的，它根据搜索引擎收录关注的原则，不断地对官方网站的结构以及内容原创性进行优化，不断地提高官方网站在搜索引擎中的排名。一般而言，通过半年时间的官方网站优化排名，可以在搜索引擎排列前五页，产生最大的广告效益，这个方式可以通过收费的方法进行，让网站排在网络搜索的首页。当然也可以通过长时间不花钱的技术优化，在长达一年的时间内不断优化自己的行业关键词，排名能够排在搜索引擎前列。比较著名的就是最近闹得沸沸扬扬的莆田系医院，通过缴费使其在百度搜索上的排名非常靠前，让患者误以为这些医院实力雄厚。

2. 交换链接

这个方法是互联网营销行之有效的最好手段，它是指两个相关产业可以通过在首页上互相设置对方网站域名，共享已有的消费者。这种做法的优势在于资源的整合与互补，它可以快速提高网站的阅读浏览量，也可以快速地提高引擎排名，同时通过互相的推荐，可以快速地增加消费者的信任。它还有另外一层意义，那就是增加访问量的同时，容易在行业内部形成口碑，并提高消费者对产品的认知度，这就是关联网站进行交换链接的优势。

交换链接的做法，虽然技术上没有太高的要求和门槛，但是它产生的经济价值远远超出了技术本身，从经济学的角度来看，它是一种资源的高度交换与整合，更是一种用户资源的共享合作，它能够快速地将积累的客户，快速地复制到另外一个官方网站当中，能够在极短的时间内提高对方官方网站的浏览量和访问量，最终实现产品的销售。从某种程度上来说，两个合作的官方网站，他们形成了一个利益同盟，他们是处于同一个产业链的上下游，他们的消费群体极度相似，他们之间的利益不单止不产生矛盾，而且会相互促进。让人难以想象的是，要获得这样的效益仅仅只需要在对方的网站放上自己的网址以及相关的图片和 logo。当然，这种合作与交换必须建立在一个互惠互利的前提之下，它有可能是两个权重相当的网站进行互换互利，也有可能通过经济的手段，去获得对方的合作。

3. 病毒性营销

病毒性营销是互联网营销的一种形式，它并非是借助病毒作为载体迅速扩散营销影响。它是通过一系列的营销设计，利用消费者口碑效应，快速地进行几何级的宣传扩散，让每一个扩散个体都能获得一定奖励，这就是病毒性营销设计核心。病毒性营销的设计必须要拥有战略上的思维，也必须要有心理学上的知识，抓住消费用户心理，通过口碑手段，迅速获得客户信任，再通过奖励的方式鼓励分享。通过每一个消费者分享，影响其背后宣传效果。在互联网领域做得最好的病毒性营销典型案例就是 Hotmail 公司。利用免费邮箱的噱头，鼓励使用者通过扩散的手段，去获得邮件 VIP 奖励，利用自身产品的优势鼓励消费者使用分享的方法进行扩散，大大减少了广告费用支出。早期在国内应用该方法进行营销最成功的公司就是网易邮箱。

4. 网络广告

几乎所有互联网营销活动都与品牌形象有关，所有与品牌推广有关的互联网营销手段中，网络广告作用最为直接。进入 2001 年之后，网络广告领域发起了一场轰轰烈烈的创新运动，新的广告形式不断出现，新型广告由于克服了标准条幅广告条承载信息量有限、交互性差等弱点，获得了相对比较高一些的点击率。有研究表明，网络广告的点击率并不能完全代表其效果。网络广告可以说是一种直接的宣传方式，它是通过金钱交换的条件，选择性地在一些产品相关网站上进行宣传，通过广告图片的方式，让更多的潜在消费者能够看到产品的属性，在最短的时间内迅速取得消费者的信任，从而将产品变成价值。进入 21 世纪以来，互联网广告的发展经历了初级阶段到非常快速发展的阶段。由最初比较盲目地进行广告宣传，到使用互联网技术进行精确定位的广告宣传，目前已经发展到利用大数据分析，进行精确广告投放，它能够精确地分析潜在产品用户，在用户最可能出现的地方进行广告投放，大大增加了广告的效应。在互联网行业有许多做得很好的网络广告公司，例如，百度联盟，阿里妈妈（淘宝联盟），目前我们所见到的大多数品牌都愿意花大价钱在这两个平台上进行广告投放。他们通过关键词的设置，让消费者在搜索引擎当中输入相关的关键字，就很容易搜出有关产品的视频、官方网站以及文字和图片内容。

5. 信息发布

信息发布的宣传载体平时了解最多的就是 58 同城网、百姓网，这些网站通过信息分类的方法，将大量的数据信息进行免费发布。这些网站本身的权重都能够在引擎当中排在前面。所以当我们在搜索许多生活信息的时候，都会在搜索引擎的前几页找到这些分类网站的信息，由于这些分类网站的信息发布查询免费，所以每天的数据信息发布量是非常巨大的，所有发布的信息内容都是具有原创性的，非常符合搜索引擎本身要求，它能够迅速为搜索引擎录用，可以在短短的几分钟内在搜索引擎上搜到刚刚发布的信息内容，这在中小企业在没有过多资金进行广告宣传的情况下，是一个比较有效的宣传手法。

6. 邮件列表

它实质上是一种许可性质的邮件宣传手法，它通过技术的手段，让愿意接受相关邮件内容的消费者，提交自己的邮箱，从而获得免费提供相关资讯的机会。提供商通过邮件列表发出邮件，通常能够送达消费者的邮箱当中，不列为垃圾邮件，它非常适合低成本的邮件群发广告，但该工作开展的前提必须进行长时间的邮件数量积累。邮件列表的宣传表现形式有很多种，其中有些是提供新闻服务的，有些提供高端消费资讯，或者电子刊物邮件等。邮件列表的经济价值比较高，只要积累了一大群客户之后，通过长时间的信任度维持，可以慢慢地培养起消费者的信任度，通过定期发送邮件给消费者，在不经意之间将产品卖给消费者。

邮件列表的营销手段与邮件群发有很多方式上的不同。从某种意义上来说，邮件列表营销的方法是发邮件宣传的升级版本，它是经过消费者本人同意的一种推广方式，它比起直接的邮件营销，具有很准确的定位性，是取得了消费者信任与同意之后进行的邮件订阅。邮件列表宣传途径可以分为内部和外部两个方面，内部邮件列表的宣传通常都是通过实体店铺的会员方式进行宣传，外部的邮件列表宣传手法通常是借助许多论坛和社区，让有相关意向的消费者同意接收信息，并提交自己电子邮件的一种做法。它的营销手法成本非常低廉，但需要长时间的人力和物力投入，产生的经济效应，会随着时间的推移，越来越有成效。

7. 个性化营销

个性化营销最突出的表现形式就是自媒体博客。许多自媒体人通过精确的产品定位和消费者定位，通过展现个性化的信息吸引精确消费者。要想做到消费者能经常光顾自媒体博客或者平台必须开展个性化营销，但重要前提就是要定位好营销的内容或者要出售的产品，或者是可以盈利的模式，在这个基础之上通过长期提供有价值的信息给消费者，让消费者愿意接受这种营销推广。其他形式如优酷自媒体，汽车之家优创加平台等。

8. 会员制营销

会员制营销是线上营销与实体店铺营销的一种结合，它是全世界使用范围最广的一个营销手段，尤其是世界 500 强企业采取最多的营销手法。例如早期进入中国的零售商好又多、家乐福和吉之岛。它们通过实体店客户流量实现了大量的会员注册，在给予经济上的一些实惠后，让这部分会员长期能够在线上进行消费，从而培养会员网络消费的习惯，从而引导线上与线下双渠道消费。它是传统营销的一种升级换代，也是走向线上营销的一个有力武器。

9. 网上商店

网上商店可以理解为是电子商务平台的一种表现形式，它是由线下许多个性的零售商，通过在第三方电子商务平台上进行产品展现，再经过安全的销售流程将产品快速销售到需要的买家手中。网上商店有着不可替代的优势，主要表现在以下几个方面：第一，它具有高度的便利性。不论是白天还是晚上，店铺 24 小时运营，它通过高效的快递网络以及灵活的支付方式，让消费者在最短的时间内得到商品；第二，售卖的商品具有价格上优势。由于减少了流通的环节，降低了流通成本，所售卖的商品比线下实体店铺具有价格上的明显优势，这也是为什么许多消费者愿意接受网上商店的主要原因之一；第三，它具有可靠的成熟的售卖平台。最出名的第三方电子商务平台就是淘宝网，它具有最成熟和最安全的支付方式——支付宝。它具有最安全的支付流程，有 100 万的保险保障，这些都是一般网络销售平台不可比拟的。

10. 即时通信工具营销

由于通信工具本身具有高频率使用的特点，它能够将商品的曝光率做到最大，它又是最廉价的宣传平台。在营销角度来看，它具有使用率高、高黏度的特性，最有代表性的软件就是微信和 QQ，还有就是现在热门的免费通话软件，比如触宝软件、钉钉软件。

11. 软文营销

软文营销是借助讲故事的手法，让绝大多数网民愿意接受，并且通过网络的高覆盖性，存留时间较长等特性，将需要营销的产品嵌入到故事当中，获得消费者的信任，引起消费者的兴趣，解决消费者问题，满足消费者需求，有针对性地投放广告到互联网各论坛社区中。这种营销手法成本相对比较低廉，只需要支付给写手一定费用，再通过一些收费宣传渠道进行扩散，就能够长期地获得流量，并将售卖产品转化为收入。

12. 新闻热点营销

由于互联网的存在，许多新闻热点都会短时间成为人们关注的对象，新闻热点词语也容易成为搜索关键词。企业如果能够很好地将本身产品嵌入到新闻热点故事当中，就是很好的借势营销，利用热点带来的大量阅读者，增加自身产品的曝光度，借助新闻热点很快在短短的几天之内为广大的网民所熟知，这种传播手法是借势进行传播的有效方法，成本非常低廉，效果非常显著。比如借助 2016 年巴西里约奥运会，许多有趣的运动员故事以及金牌排名榜，都是能够获取大量阅读流量的一个渠道。

13. 微博营销

微博营销是指借助微博这一宣传载体，进行品牌宣传、产品特性的推广、企业形象树立等一系列的广告活动，微博营销的成本相对其他方式较高，必须支付一定费用给具有影响力的大 V 作为条件的交换。当然在大 V 的选择上，我们必须根据产品的受众去选择不同的类型进行宣传，比如我们售卖的是治疗青春痘的产品，我们的消费对象有可能是 90 后为主的群体，我们选择的必须是能对 90 后能够产生巨大影响力的大 V，这样投入与产出才能够获得显著效果。我们可以总结微博营销优势如下：第一，信息发布快捷有效；第二，互动性好，能够收集客户的信息反馈；第三，相对做电视广告来说，费用很低；第四，营销的对象比较精准。

14. 视频营销

随着时间的推移，互联网营销的各种手法层出不穷，但我们可以发现能够迅速取得消费者信任的营销手段当中，视频宣传方法是快速赢得消费者信任的有效途径，我们可以从优酷网土豆网的成功获得印证。尤其是腾讯视频的异军突起，已经抢占了电视媒体的大半壁江山。许多传统企业不愿意将钱投放到传统的媒体当中，更愿意将广告投放在互联网视频网站上。通过实践证明，这样的投入与产出，往往比传统媒体的收益来得要快还有效。因为视频营销具有高度的广泛性，因为消费者能够在第一时间看到来自于全世界的电视电影作品，这对于现在的 90 后消费者来说具有很大的吸引力，也是为什么广告投放效果很好的主要原因。

（三）互联网营销要素

互联网营销要想成功，必须抓住其关键及要素。

1. 互联网营销策划

（1）互联网营销策划的正确认识。互联网营销策划一定要立足于企业本身产品的实际情况，然后明确消费对象，根据自己推广成本，确定适当的营销渠道，这些做法一定要建立在大数据分析之上，尤其是消费者定位必须准确，才能够选择最适合的销售渠道进行宣传推广，花最少成本，获取最大的经济效益。

（2）专业的互联网营销策划团队。俗话说“找对的人，做对的事情”。这是开展任何一项工作成功的关键，所有成功企业的背后必然有一支令人信心鼓舞的团队，尤其作为企业的销售团队，客户订单就是企业生命，也是企业由小发展壮大的根本动力。著名的企业家马云说过："客户第一，员工第二，股东第三。"这里所强调的客户第一，其实就是订单，如何才能够获得最多数量的客户订单？往往取决于产品特性是否能够适应市场的需要和客户的需求，解决客户迫切想解决的问题。所以马云的名言，实质就是想表达一个企业最重要的就是营销团队，营销团队最重要的就是发现客户的需求，通过适当的方法不断满足客户的需求，获得客户的信任，拿到客户的订单。

（3）有效的营销策划方案制定。作为一个有效的营销策划方案，必须把握好以下几个关键点：首先，必须明确产品本身属性，也就是说产品能够为顾客带来什么好处；第二，要清楚使用该产品的主要消费对象是哪个层面？哪个年龄阶段？第三，要根据消费者可能出现的聚集地，选取成本最低的销售渠道；第四，要组建一支执行力很强的营销团队，保证整个营销策划方案的进行；第五，要做好营销策划的风险控制，在营销各个环节当中必须考虑到风险的可控度。

（4）营销策划方案的有效执行。一个优秀的营销策划方案的执行，必须要有一支优秀的营销团队。营销策划方案的实施必须要有明确的时间规定，必须要有量化验收标准，必须要有风险控制预案，整个方案实施的过程当中，必须要有监督机制，发现出现风险必须要采用管控措施。整个营销策划方案的实施，还必须要做到费用预算精确，不能肆意修改策划方案，有特殊修改要求的情况都必须做出报告和申请，得到相关责任人审批和同意才能够调整策划方案的内容。

2. 互联网营销过程

互联网营销过程涵盖了营销创意、营销观念、产品、价格、促销和分销渠道 6 个要素，下面就围绕这 6 要素对网上营销进行论述。

（1）创意。由于互联网营销展现的方式多种多样，可以是文字也可以是声音图像，只要销售人员具有一定的想象力和执行力，无需太高学历背景，只需要一定的学习能力，就可以根据客户的需求进行创作，并在作品当中嵌入产品的特性，提高品牌的信任度，最终以原创性进行创新突破。

（2）营销观念。互联网营销通过 20 多年来的发展已经进入到了一个比较成熟的阶段，整个营销的理念都紧紧围绕解决消费者的需求，以不断创新产品特性，不断满足消费者新需求和客户体验为中心，不断优化产品功能，不断提高客户体验。互联网营销必须站在战略的角度上去设计，在消费者需求上做文章，必须在团队人才使用上进行突破，才有可能创造出最好的营销方案。

（3）产品。相关统计显示，绝大多数生活用品都非常适合通过网络进行销售，尤其是对于一些非常便于运输的产品，例如：图书类产品、日用消费产品以及虚拟产品（话费充值产品、计算机软件产品）等。互联网营销必须根据自己的产品属性，首先确认是否适合网络营销，其次要制定详尽的产品营销方案，锁定营销对象，根据自己的经济实力确认营销的渠道，才能够最快时间将产品销售出去。

（4）定价。传统营销的定价是根据层层代理加价之后做出来的定价。由于传统渠道环节太多，宣传投入成本太高，所以传统定价是网络商品定价的几倍。互联网销售的产品价格，往往明显低于传统渠道销售的产品价格，原因是销售渠道决定了产品的零售价格。互联网销售之所以能够抢占消费者市场，是由于它本身的产品具有很高的价格竞争优势，所以不论小型企业还是个人，开展互联网营销活动比较容易取得成功，并与大企业进行一定竞争，抢占一定市场份额。

（5）促销手段。传统营销使用的促销手段往往是在极短的时间和空间里发生作用的，它对场地的要求、对外部环境要求比较苛刻，投入成本比较高，产生的效益比较短暂。但是互联网营销开展的促销活动遍布全球各地，涉足互联网领域的任何角落，开展促销的时间和空间，完全不会受到任何客观环境的影响，促销活动可以持续很长时间，不需要太多人力去维系，也不需要太多成本去维护，出现的经济效应能够长期存在，这就是互联网营销促销活动与传统促销活动的根本区别。传统企业与互联网企业的投入与产出比相差好几倍，这就是为什么传统企业慢慢地在萎缩，而互联网企业不断发展壮大的根本原因。

（6）分销渠道和过程。传统营销的分销渠道是层层累积，环环相扣，营销成本一重加一重，商品交到消费者手里时产品的价格已经是出产的好几倍之多，分销时间和空间拉得太长，消耗了人力物力，对产品的新鲜度产生巨大影响，与传统营销明显不同的是，互联网销售渠道可以借助 24 小时不休息的终端以及网络，不受客观环境和空间影响，可以快速地将产品从生产厂家交付到消费者手中，效率之高、成本之低，是传统分销渠道无法比拟的。整个销售过程可以说大大提高了产品的体验，特别是货物的销售成本之低，货物流转的周期之短都是传统渠道无法比拟的。

三、农产品互联网营销

（一）农产品互联网营销现状

在我国农产品互联网营销是从 20 世纪 90 年代开始的，我们有一个很典型的案例，就是山东省青州农民李鸿儒最初利用自己经营的花店，通过互联网开设网络店铺，成为了互联网上第一家网上花店，当时还引起了当地政府的重视以及同村之间的效仿。刚开始经营网上花店效益很普通，只能在当地镇和当地县里产生一些订单，我们姑且不谈论产生的经济效益，关键是中国农民能够从传统的营销观念转变为互联网营销观念，这本身就是一个很大的进步。虽然起步在时间上比全世界利用互联网经营农业产品较晚，但也是一个不小的进步。

我国农产品网络营销起步晚、基础差，虽然取得一定成绩但也暴露了非常多的问题，笔者认为农产品网络营销应该是由农民来经营，让农民收益，而我国的国情却是中间商、企业作为经营主体在赚取这部分利润，这是一个社会问题，也是一个非常难解决的问题。农民作为弱势群体需要政府和社会各界的帮助，农民专业合作社将农民组织起来、团结起来、集中力量解决问题，这不失为一种很好的办法，社会进步、时代发展是无法阻挡的，我们有理由相信农民专业合作社的建立和发展将加快解决我国“三农”问题，农产品网络营销将发挥更大的作用。

随着中央政府对农业发展的逐步重视，农业与互联网相结合的发展模式也得到了快速发展，许多省份和地区已经建立了互联网营销的平台，许多有特色的农业县也尝到了互联网营销的甜头，许多西部地区通过不断打造农业特色县，输出特色农业产品，逐步地摆脱了贫困。对于农业产品的网络销售，我们还有许多路要走，完善网络农业产品销售，需要建立庞大的管理体系，包括规章制度，包括盈利模式，包括网络交易平台以及配套的物流配送体系。

进入21世纪以来，我国农产品营销经过十几年发展，已经形成互联网销售与线下农产品销售相结合的格局，全国性的农产品网络交易平台已经建立了许多，国家扶持政策下的农业开发区，也为当地的特色农业产品输出树立了良好的榜样。农业试点开发区不单为当地农业特色产品输出提供了很好的样板案例，而且还提供了成功配套的管理制度，还培养了大量的互联网农业销售人才，这为落后地区的农产品销售起到了很好的示范作用。

在近十年的互联网农产品销售中，鲜活农产品的保鲜保质始终是一个很大的难题，现在我国具有保鲜运输农产品丰富经验的网站已经接近50家，这些网站提供了配套物流运输服务，他们对一些鲜活农产品的运输有很丰富的经验，尤其是针对新鲜蔬果的运输。这些局面的形成都与当地政府建立的农业示范区、农业互联网交易平台息息相关。在西部的许多地区，当地政府出台了许多鼓励农产品互联网销售的政策，对参加互联网营销培训的农户进行补贴，通过各种农业资金进行扶持，大力发展农业的互联网经济。

虽然表面上看起来形势一片大好，但现在农产品互联网营销还存在以下情况。

1. 传统的营销方式深入人心

我国已经形成了传统的农产品销售方式，在许多农民脑海里，祖祖辈辈都沿用着传统的营销，这样的观念根深蒂固，这是历史的原因。另外就是对新鲜事物接受的程度，许多80后、90后走出农村，走进了北上广深等城市。他们通过走出去，改变了销售的观念，只有1/10回到了自己的农村，投入到农业建设当中，这部分人所使用的经营理念与传统的营销理念相比，已经发生了天翻地覆的改变。但这只是少部分青年人能够做到，这还需要更多的新鲜血液，从大城市回流农村才能逐步改变传统农业领域内营销的观念，这需要一个过程，也需要一些时间。

2. 农民的网络接受能力不强，文化素养普遍较低

造成我国农民接受网络营销观念落后，停滞不前的原因主要在于许多40岁以上的60后、70后，他们的营销观念受祖辈的影响还比较深刻，在他们年轻时，对于互联网络是什么还是一个初步的概念，没有深入的接触，更没有实际的操作，所以造成了互联网络进入到农业领域比较晚，这是根本的原因。我们相信要改变现在农村互联网农业营销的现状，必须要从80后、90后的观念上改变，才有可能彻底地颠覆几千年来固有的营销理念。

3. 农村网络基础设施薄弱，缺乏信息化人才

国家对于农村互联网络的建设近十年来取得了巨大的进步，国家鼓励互联网农业创新，也是这几年来才产生的新兴事物，所以农村网络的硬件建设比较落后，资金的投入不足，对于信息化人才的培养缺乏后继力量，许多毕业后的大学生绝大多数都是优先选择北上广深特大城市，只有极少部分愿意回家乡建设。造成这样一个局面的关键是由于政策上的引导不足，也是这么多年来农民对农业经济发展的信心不足造成的。

4. 网络的法律法规不健全，安全保障欠缺

农业产品与互联网营销相结合，必然会出现很多新情况和新问题，由于农业产品本身的保质储存都有很高的要求，而且都是属于食物产品，对人的健康影响非常重要，所以要形成一套完善的互联网农业的规章制度以及法律法规，保证互联网营销能够在农业领域顺利开展；此外，政府最好能够组建大型的农业互联网交易平台，从根本上去保证农业户互联网销售的安全性和高效性。

（二）农产品互联网营销关键技术

由于农产品的交易必须具有很强的时效性，主要从以下三个方面体现实效管理工作：第一就是订单的生成时间。通过搭建便捷的网络交易平台，让买家自主选择购买和下单；第二，选取网络支付方式。这种支付方式具有极大的便捷性，但同时又具有相当的风险，如果不能够进行风险的管控以及堵塞支付接口的漏洞，都会造成一定的资金风险；第三就是加快物流的配送。从订单的生成到支付款的确认到位，物流配送必须紧跟在两个环节之后，这样才能够保证农作物的新鲜，减少中间环节的停留，减少成本的增加。

1. 互联网技术

网站是互联网平台的一种体现形式，它可以是个人搭建，也可以是公司与团体搭建。目前我国农产品销售平台，大多数都是由地方政府组织搭建。还有一些就是当地的龙头企业，它们的官方农业销售网站，引领着当地农业产品品牌的形象。现在，个人搭建的农业领域的销售平台较少见，这是由于网络平台的搭建，不但需要一定的资金支持，还需要复杂的互联网技术的支持，它涉及域名的购买、域名的解释、网站空间的备案、企业邮局的注册等一系列的环节。所有这些问题的解决，可以依赖网络技术公司，但是前期的投入还是比较巨大的，所以对于个人搭建农业网络平台，有一定的难度。

2. 安全支付技术

（1）我国现有的支付方式。

网银支付：该支付方式大多数还是依赖于 PC 终端，对于中国普通家庭来说，无论是城市还是农村，具有这种条件的家庭基本上都可以开展互联网支付。这个操作过程比较复杂，对于许多上了年纪的农户来说不一定能够快速掌握，需要专门的电脑操作人员协助才能完成。

电子现金：该支付方式在早期的金融行业还是使用比较多的，特别是互联网支付的初期阶段，但是现在到了互联网高速发展期，电子现金支付的方式已经不是太多人使用了，由于整个过程环节较多，操作起来也是不大适合大多数农户。

第三方支付：最典型的支付平台有腾讯微信支付，阿里巴巴支付宝，百度钱包等支付方式。这些都是中国首屈一指的互联网企业建立的第三方支付平台，它具有高安全性、便捷性等特点，同时它可以利用 PC 端支付，也可以利用智能手机移动端支付，适合大多数农户自己独立完成操作。

目前网上支付方式还是以第三方支付平台为主。最具有代表性的就是阿里巴巴支付宝方式，它引领的中国互联网经济快步向前，也是当前安全网络贸易的一个重要保障。它的支付过程是购买者先将款项打到支付宝网站内，支付宝通知卖家资金已到网站，并要求卖家发货，卖家将货物发出，买家几天后收到货物确认收货，同时会通知支付宝网站，支付宝网站会将买家购买货物的款项支付给卖家。在整个购买过程中支付宝网站充当了金融担保作用，确保了整个交易过程的安全进行和顺利完成。

（2）如何提高网络支付安全性。

① 提高安全技术防范。要做好完善支付的安全防范工作，必须要从电脑的软件硬件两个方面入手，在使用 wifi 终端的时候必须要有很好的加密功能的路由器。在运行支付软件的电脑中，必须安装各种杀毒软件，尤其是防火墙等软件。此外，要做好电脑的日常安全维护工作，还必须注意以下几点：

a. 要给 PC 电脑系统及时更新补丁，最好能够安装 Windows7 以上的系统，因为 Windows XP 系统微软公司已经不提供补丁的更新服务，这对于电脑终端应用在支付方面形成了威胁。

b. 必须安装互联网企业推荐的杀毒软件，例如金山毒霸软件、腾讯电脑管家软件等。

c. 农户在对互联网计算机技术不熟的情况下，还是尽量不要用支付交易的电脑上去一些知名度不高的网站，不去浏览一些不良信息。

d. 不要在网吧等公共场所使用自己的账户和密码，养成使用支付时必须在安全的网络下进行的习惯。

e. 用户支付的手机尽量不在公共场合连接 wifi，尤其是进行现金的支付和交易。

② 为网络支付的通信建立安全通道。国家有必要出台一个能够公布合法互联网络支付公司的官方网站，可以让所有网民在互联网上进行查询，知道哪些公司是具有第三方支付许可证的合法的网络支付公司，这对于建立一套安全的支付通道，起着至关重要的作用。作为网络支付使用的 PC 计算机，必须要安装数字证书进行认证，尤其是在交易金额过大的资金时应该多次确认网站地址，以免被钓鱼网站引导进行错误支付。

③ 实现网上支付工具多样化。近十年来我国移动支付服务行业发展迅速，已经出现了手机钱包、微信支付、支付宝支付和手机银行支付等方式，它们都是在移动端进行支付的，大大丰富了消费者的支付选择，同时也为网络购物的发展提供了便利。但所有这些支付工具的使用都是有一套严格的操作规范，如果不注意安全规范的操作，很有可能会造成资金上的损失，我们要尽可能选择一些有保障的支付平台，例如阿里巴巴的支付宝，它有 100 万的保险额度，对于客观上支付造成的经济损失，可以保障资金安全。

④ 加快网上支付的立法。我国关于互联网支付的法律法规相对较少，现实中掌握计算机黑客技术的人员，他们利用国家许多计算机网络的漏洞，为了达到个人利益的最大化，实施许多侵害国家和个人利益的违法行为，这些都需

要我国相关法律法规进行严格的规范并加以惩处。除了完善立法之外，还需要进一步规范和简化执法的程序流程，让许多互联网的纠纷能够第一时间得到解决，最好能够通过互联网平台的形式，进行受理和调解。

3. 农产品包装配送技术

（1）产品包装技术。农产品包装对农业产品在整个运输销售的过程中起着稳固和保鲜作用，同时还具备广告作用。不同的农产品会采取不同的外包装，有些农产品必须要经过低温保鲜的冷藏运输，例如肉类、冰鲜类产品；有些农产品是属于易碎物品，如鸡蛋等；有些产品因为它属于液体容易泄漏，造成运输过程中的损失，例如蜂蜜产品。农产品的外包装有以下几个作用。第一，能够对农产品起到保鲜保质作用；第二，可以对农产品起到安全保护作用；第三，可以对农产品销售有广告宣传的作用。

目前我国农产品包装市场参差不齐，还处于一个发展的初级阶段，许多包装都是用牛皮纸简单包装，没有商业化包装设计，这都是因为许多农业产品只是在当地农业市场进行销售，没有考虑到在全国的网络进行销售，不利于跨省跨地市的运输和销售，这些问题都有待于进一步提高网络销售订单，才能更好地适应农产品的网络竞争力以及跨省销售。

农产品外包装设计投入过少。由于我国农产品都是在本地农贸市场进行销售，所以大多数农产品的包装没有过多设计的，也没有投入更多的成本用于包装，这是都是因为受传统销售渠道观念影响造成的。

很多农产品的外包装都使用不可回收的材料进行包装，不单止不利于美观，而且会造成二次的环境污染，例如大米的外包装都采用二次材料制作的编织袋，许多化学残留直接危害的大米食品质量；还有许多化学性的农药包装都采用的二次不能分解的外壳，许多都无法再回收利用，对环境造成了很大伤害。

要改变农产品外包装设计观念，我们必须要树立互联网营销理念，一是要用营销的手段获取更多的异地订单；二是随着跨市跨省的农业产品运输的需要，加强农产品外包装的设计；三是随着网络销售订单的增加，农业产品价格也会增加，利润也会提高，这样一来更有利于产品的快速销售。所以说要想提高农产品外包装设计的投入，必须要有更多的互联网异地订单，只有这样才能有足够的利润空间支撑外包装设计的资金投入，从而形成一个良性的循环，一切都要围绕着农产品市场的需求来开展。

（2）物流保鲜技术。随着互联网经济的不断发展，农产品异地运输或者跨省运输已经成为了常态，随之而来我们的农产品外包装保鲜技术出现了严重的不足，造成了运输中农业产品的极大浪费。据不完全统计，每年的农产品因为运输等原因都会浪费 9 000 万吨以上，直接造成的经济损失接近 800 亿人民币，这些浪费相当于农作物总产量的 30%，随着互联网营销不断发展，异地订单带来了丰厚的利润也随之而来，我们如何在新的销售形势下，提高物流保鲜技术，增加运输成本，减少运输途中农产品的浪费，已经成为了急需解决的重要课题。

（三）农产品互联网营销瓶颈

1. 农产品互联网营销基础薄弱

我国农村地区尤其是国家的西部地区，许多农村还没有家家通网络，还不能做到每一个家庭都拥有电脑。许多有农产品的县镇，由于主观上没有互联网营销的意识，客观上又没有互联网络设备，造成了许多有特色的农产品，烂在田间地头，不能走出当地销往全国，造成了许多农产品的浪费，造成这种现象的原因主要有两个方面：第一是由于客观网络基础设施的投入不足；第二是由于经营农产品的农民没有网络营销的意识，导致了许多农产品直接在本地浪费掉，找不到销售的渠道。

2. 农产品标准化程度低

通常互联网农产品的在线销售会对农产品进行等级分类，这样才能更加有利于销售，一般来说它可以分为高、中、低 3 个档次，但是由于国家没有标准出台，导致许多分类标准参差不齐，对进行跨省之间的流通形成障碍，也会造成运输上的一些阻力。这些是没有统一的量化标准的不利影响；由于西部农村地区农户生产规模小，农民本身互联网学习能力较低，不能快速地融入到互联网的思维中来，这对于农产品标准化的实施也形成了一定的阻力。

3. 农产品物流体系不健全

当前制约互联网农业销售发展的另外一个瓶颈，就是专业的农产品物流配送团队。由于互联网销售的农产品必须长途运输，对许多农产品来说具有摧毁性，如果运输包装不合理，会造成许多农产品的进一步损失。如何建立一支专业的配送物流团队、发展农产品的设计包装、研究农产品的物流配送，都要形成一套完整的体系。尤其是从互联网订单的形成，到物流配送包装的后续，都必须有一个高效率团队进行衔接，都必须有一套科学的配套方法，这背后必须组建一支专业的物流配送团队，要有专业的物流运输设备。只有解决了当地物流配送的问题，才能够将当地特色农产品跨地区销售，才能够打破互联网农业发展的瓶颈。

4. 支付安全性问题

由于现在的网络支付环境比较复杂，农户对于互联网安全不了解，如何能够确保销售农产品过程中安全完成支付，发现和规避网络交易的风险，辨别互联网信息的真伪，都严重地影响着农户对互联网营销的信心。现实中许多农户通过电视媒体了解到网络诈骗的猖獗，对于本来互联网安全意识不强的许多农户来说，利用互联网进行产品销售还是有一些信心不足，内心深处多少存在有抵触的想法。

5. 缺乏互联网营销人才

对于农业与互联网发展事业来说，最重要的就是人才的培养以及营销团队的建立。据不完全统计，全国农民总数中具有互联网知识的农民数量甚少，而且这部分人都是以80后、90后的年龄阶段为主，他们是少部分愿意回到农村进行创业和农业开发的青年人，许多从农村出去的大学生第一个想法是留在大中城市，只有极少部分的农村大学生有回家务农创业的想法，他们掌握了电脑网络技术，也学习了许多互联网思维，但是能够回家进行农业产品开发与互联网营销的年轻人少之又少。某种程度上来讲，这需要国家的政策长时间的不断引导，鼓励大学回到农村进行创业。

这些现象表明，要培养农业与互联网的人才，必须要从80后、90后的年轻人当中进行，地方政府必须将相关的政策重点倾向这类人群。地方政府要通过观念上的引导、政策上的补贴，鼓励具有创业精神的80后、90后年轻人回到农村去，利用自身特色农产品的优势进行创业，这才是互联网农业长期的发展之道。

6. 世界中难以寻找信任的依靠

由于互联网世界的复杂性，互联网风险的客观存在，许多大学生在互联网虚拟世界中受骗的案例比比皆是，同时也影响了农户对互联网营销的信心，要解决这一困惑的最好途径就是政府出台或者推荐可信度较高的网络交易平台，鼓励当地农户使用政府认可的一些网络交易平台进行农产品交易，这才能够在很大程度上避免在互联网虚拟世界当中造成经济上的损失。

7. 传播在视听效果上具有局限性

传统的电视广告投入需要很大成本，某种程度上来说不适合农产品的宣传推广，因为农产品的利润空间一般都比较要低，所以农产品广告宣传渠道，最好是选择门槛较低的互联网营销，借助低成本营销方法进行互联网宣传。事实证明，如果仅仅依靠传统的媒体广告进行宣传，其投入和产出不会达到理想的效果。如果能够借助互联网营销思路，直接针对80后、90后年轻的消费者，对这一群有活力的消费团体进行精准营销，往往会带来出乎意料的收获。

8. 管理不完善，营销环境混乱

我国正处于互联网发展的高峰期，互联网经济已经渗透到我国的各个领域，互联网营销无处不在，互联网上充斥着各种产品的营销广告，甚至会有一些违法违规的诈骗广告，这有待于我国互联网监管部门不断地完善监管的措施，不断地提高网民防骗意识。尤其是一些门户网站上的广告，政府职能部门必须要认真地把关审核，并与群众的监督形成合力，这才能够一定程度上遏制营销环境的混乱，减少和防止诈骗案件的发生。

第四章　客户体验

一、客户体验与消费者行为

（一）客户体验

1. 定义

作为对人类行为感知的归纳，“体验”一词古已有之。英文中的 experience 一词具有动词和名次的双重特征，主要是指让个人印象深刻或者对个人印象深刻或者对个人产生深刻影响的互动事件或过程，翻译成中文就是“经历”“经验”或“体验”。从体验发展现状来看，虽然经济和管理视角对客户消费体验（消费过程中的体验）关注的时间还不是很长，但是其发展的态势良好。目前有关研究已经覆盖到旅游、娱乐（如迪斯尼乐园）、教育培训（如学习中的体验以及体验式培训）、高科技（如索尼梦苑和数码体验）、房地产等多个行业；并且体验已经越来越多地与企业经营、客户企业的互动相关联。从经济价值方面来发掘体验的深意，从客户关系角度来探求体验的价值，正体现了时代的不断进步与客户关系挖掘的深入。

总结已有研究成果，在客户关系管理的范畴内，我们将体验定义为客户与企业在交互过程中，企业对客户心理所产生的冲击和影响。根据这一定义，体验源于客户与企业在各个接触点上的交互。如果在交互的过程中企业带给客户的是一种积极的影响，就会传递给客户独特的、有价值的正面体验；反之，则有可能带给客户消极的负面体验。由于该范畴内的主体通常是客户，因此可以将其称之为客户体验。

什么是客户体验管理？它以提高客户整体体验为出发点，注重与客户的每一次接触，通过协调整合售前、售中和售后等各个阶段，各种客户接触点，或接触渠道，有目的地、无缝隙地为客户传递目标信息，创造匹配品牌承诺的正面感觉，以实现良性互动，进而创造差异化的客户体验，实现客户的忠诚，强化感知价值，从而增加企业收入与资产价值。通过对客户体验加以有效把握和管理，可以提高客户对公司的满意度和忠诚度，并最终提升公司价值。所谓体验，就是企业以服务为舞台、以商品为道具进行的令消费者难忘的活动。产品、服务对消费者来说是外在的，体验是内在的、存于个人心中，是个人在形体、情绪、知识上参与的所得。客户体验是客户根据自己与企业的互动产生的印象和感觉。厂商客户对厂商的印象和感觉是从他开始接触到其广告、宣传品，或是第一次访问该公司就产生了，此后，从接触到厂商的销售、产品，到使用厂商的产品，接受其服务，这种体验得到了延续，因此，客户体验是一个整体的过程，一个理想的客户体验必是由一系列舒适、欣赏、赞叹、回味等心理过程组成，它带给客户以获得价值的强烈心理感受；它由一系列附加于产品或服务之上的事件所组成，鲜明地突出了产品或服务的全新价值；它强化了厂商的专业化形象，促使客户重复购买或提高客户对厂商的认可。一个企业如果试图向其客户传递理想的客 户体验，势必要在产品、服务、人员以及过程管理等方面有上佳的表现，这就是实施 CEM 的结果。

2. 客户体验的特点

（1）强调客户的参与至关重要。从体验的定义中我们可以看出，客户的参与是体验创造的前提，如果没有客户的参与，体验根本就不可能发生。传统的产品或服务流程设计往往将客户排除在考虑的因素范围之处，仅仅把客户简单地作为产品或服务的接受者来看待，如何设计、如何改进，都是企业单方面来做决定。虽然现在越来越多的企业开始注重从客户的反应中获得反馈信息，来辅助战略决策的制定，但他们所注重的仍然是客户对产品或服务的属性的评价；即便是进行客户满意调查，也是针对这些属性所进行的。但是可以肯定的是，没有谁可以有把握地说他们已经掌控了影响客户满意和客户忠诚的所有因素，因此这种基于属性的调查是以对客户行为研究的现有成果为基础的，在现有研究没有取得进展之前，调查无法提供更多有价值的信息。

客户体验研究正是从单纯注重产品或服务属性特征的苑囿中脱离出来的另一种研究视角，企业如果要真正关注客户体验，就必须要将客户本身的因素考虑在内。客户的体验是以客户自身的情况为基础、受外界条件的刺激而产生的，如果忽略客户的参与，那么任何所谓的体验都将化为子虚乌有。没有客户的参与，再精良的产品设计也无法赐予产品生命力，再优质的服务也不会被感知，媒体宣传变为千人一面的刻意鼓吹，品牌形象成为无意义的符号，收费高昂的娱乐休闲业务成了一种无益的浪费与奢侈。没有客户的参与，没有了传递的对象与产生的基石，体验将不成其为体验。

（2）强调过程视角与结果视角有机统一。“体验的产生离不开客户的参与”这一特殊性质需要我们从体验的产生或传递过程和形成的结果两个视角来理解客户体验。从过程视角来看，体验的产生要经历一个过程，或者是产品的使用，或者是服务的享受，对于纯粹的体验业务更不必言，客户是在一段时间内通过企业传递的信息逐渐获得相应体验的；忽略体验产生的过程性，体验也就无从把握和操控了。有鉴于此，关注为客户创造良好体验的企业应该仔细审视客户与企业交互过程中的各个接触点，力求使交易全过程中的各个环节都能成为创造和传递体验的渠道和桥梁。同样是由于体验的过程性，如果企业在某个接触点上不能保持与其他接触点的一致效果，那么企业的整体努力都有付诸东流的危险，因为这种不一致很容易就会被敏感的客户感受到，从而对企业的努力和诚意都产生疑问，结果适得其反。从结果视角来看，有益的体验是在客户内心感受到的新奇、刺激、愉悦甚至是浓浓的暖意，是否真正产生了相应的体验，只能由客户而不是企业说了算。忽视客户内心需求的一厢情愿的策略措施并不能带来预想的结果。可见，从过程视角和结果视角同时考虑，体验是通过客户与企业接触的全过程、在客户内心形成的明确的心理意向。没有过程，体验的创造就是无本之木，没有结果，体验的传递就是无果之花。

（3）"殊途同归"与"仁者见仁、智者见智"共存。体验是基于客户与企业的交互过程而产生的，它一方面取决于企业所采取的具体措施，如人体化的产品设计、体贴入微的服务、富于智慧的、超前并引领潮流的娱乐休闲方式的倡导等，另一方面又取决于客户自身的情况，如其性格、具体需求、当时的心境等，因此体验是否会产生，什么样的体验会产生，这都存在着很大的变数。不同的企业，采用不同的方式与途径，可能会向客户传递相同的体验，实现客户类似的价值，即"殊途同归"；而同一企业采用相同的方式途径，却可能会使不同的客户产生不同的体验，或者是在不同的时间使同一客户产生不同的体验，即"仁者见仁，智者见智"。

一位因工作需要而多次观看芭蕾舞剧《天鹅湖》的观众发现，他每次观看的体验都有所不同。最初他会为参与欣赏这一高雅艺术而觉得自豪，被剧院营造出的宏伟气势所震撼；随后他会被凄美的情节和演员优雅的舞姿所吸引，并长久回味；观看几次下来，情节已经了熟于胸，他就开始审视起演员的芭蕾舞技能，并发现自己甚至变成了专家，可以"评头论足"；再往后，他可能已经对相关的演员都逐渐有了了解，学会对不同演员的表演加以比较了；再以后……，不能再有以后了，因为那时恐怕观看《天鹅湖》已经不再是享受而形同嚼蜡了。经济学上的边际效用递减规律也说明了相同的问题。但是这位观众还可以通过欣赏其他形式和风格的艺术表演再重温一遍"体验之旅"。

可以说，体验的创造与传递是因人因时因地而异的。这对传统的产品流水线生产与固定流程的服务提供提出了挑战，客户需要更个性化的服务，需要更多机会和渠道的自主定制，企业必须积极应对，有效地识别客户及其需求并给予满足，才能在吸引客户、挽留客户的竞争中安身立命、确立市场地位。

（4）体验总是产生于人们的意料之外。古希腊哲学家赫拉克里特说过：

“一个人不能两次踏入同一条河流。”正如上文观看《天鹅湖》的那位观众一样，同样的事物不会对他产生同样的体验；在经历了一次以后，由于有了特定的预期，第二次的体验也就随之发生变化了。从某种意义上说，只有意料不到的事物才会产生体验，当你经历过一次或者若干次，再抱着相同的目的去的话，就会发现以前能够使自己产生特定体验的事物即使仍旧存在，但相同的体验已经不再产生了，可谓“物是人非”！曾经风靡一时的“主题”餐馆即是一例，如今它们已经出现了下滑的迹象，究其原因，不外是在最初出现的时候给人以新鲜的感觉，使客户在初次用餐的同时还可以感受到另类的吸引力，但时间一久，新鲜的感觉没有了，客户很少再重复光顾，它们受欢迎的程度也就降低了。

如果企业准备向客户传递特定的体验，必须是能出乎于客户意料之外的，也就是说客户对于这种体验的产生是没有预期的，但一旦产生就又会觉得这种体验正是自己所寻觅的、所需要的，因此对能够提供这种体验的企业产生好感与亲近意愿。同时，如果要借助这种体验来树立品牌形象，企业又需要不断地变换服务流程与环境，使客户可以不断感受到意想不到的新奇所带来的新鲜感受与恒定体验。但有一点需要注意，世界上没有永远新奇的事物，要借助新奇来创造和传递体验，就必须要勇于自我否定，通过不断地变换环境与服务流程来维持新奇的特质。通过改变来维持不变也许正是企业管理客户体验的难点所在。

（5）效果的可延续性。正如 Pine II 和 Gilmore 在描述概况体验的特征时所说的一句话：“农产品是可加工的、商品是有形的、服务是无形的，而体验是难忘的”。产品在使用或消费之后就会灭失，服务在完成之后也即告结束，只有体验因为可以直接映射客户所要实现的价值而得以驻留客户心中，并长久留存。唯其难忘，才使得体验显现出独特而可贵的价值。

不论是产品中的体验还是服务中的体验，都具有脱离产品服务的载体本身而在客户心中延续的特性。杰出的产品设计是能令消费者在使用产品的同时深切地感受到人性化设计所带来的便利与愉悦感、并一再产生使用冲动的设计，优质的服务是可以让客户在以后的较长时期内都能保持一种良好心理状态的服务，当然这些都离不开体验因素的融入。在客户与企业两次接触之间，客户如果可以一直感受到有益、愉悦体验存在的话，自然增强了与企业进一步接触的意愿。因此，体验效果的可延续性有力地增进了客户与企业之间的情感联系，增加了客户为企业做宣传的机会，同时也增强了客户对企业的忠诚度。

（6）不易仿效。从手工作坊到大规模标准化的流水线制造，今天的产品与产品之间的差异已经越来越小了。细心的消费者会发现，自己使用的物品中，小到吃饭穿衣、大到行车住房，只要是购买的东西，都存在着太多的复制品。当然了，自己可以买的，别人自然也可以买到。这可能是追求特立独行的人们所难以忍受的，即便是那些本性温和的人们，见到与自己衣食住行全然一样的人，多少也会感觉到尴尬。服务虽然无形，但它的流程也是有据可依、有形可查的，即使是再优质的服务也不能避免流程被其他企业所仿效的命运，因此也就不难理解为什么社会上同类服务看上去总是那么相似了，我们在一家企业享受到的服务，换一家也不会感到陌生。

仅仅立足于提供产品和服务在如今已经很难把一家企业与其他企业区分开了，而不具有品牌的显著度也就很难真正树立品牌与企业形象；通过关注为客户提供独特体验则为企业通过树立独特的品牌形象来提高知名度指明了方向。正如前文所说，体验是由企业对产品服务提供各个接触点的管理以及客户的特性二者交互作用的结果，这其中必然包含了众多的变数。特定体验的提供，有产品设计的影响，有服务流程的作用，企业上下贯穿的文化理念也至关重要，企业与客户长期积累的情感联系的重要性更是不言而喻。因此，企业到底为客户传递了怎样的体验，如何传递这样的体验，似乎成了一种可意会而不可言传的事情，若要仿效，往往只能是得其形而去其神。可以想见，为客户创造和传递独特体验必将成为企业核心竞争能力的重要组成部分，因其不易仿效性而得以长期发挥重要作用。

有个达拉斯出租车司机，他以非常优质的服务，让每一个乘客都受宠若惊地感到自己就是上帝。有个乘客好奇地问他为什么要这么做，他回答："要在事业上有成就，我只需符合顾客的期望，但是，要在事业上登峰造极，就必须超越顾客的期望！我喜欢'登峰造极'的感觉与回馈，而不只是'普普通通'。"与这个达拉斯出租车司机有异曲同工之妙的是，苹果公司也曾用大量人力，花掉上亿美元，用一年半时间只为设计一种菜单渐变效果，让用户获得良好的体验。他们的共性就是追求完美的用户体验。随着产品同质化时代的到来，用户体验已成为企业的核心竞争力之一。美国著名推销员拉德有个著名的"250法则"，他认为每一位顾客身后，大约有250名亲朋好友。如果赢得了一位顾客的好感，就意味着赢得了250个人的好感；反之，如果得罪了一名顾客，也就意味着得罪了250名顾客。因此从一定程度上说，用户体验的完美，就是竞争的胜利。善待每一位用户，企业就点亮了一盏吸引更多用户的明灯，而创造每一位用户的完美体验，企业就将达到"登峰造极"。

近年来，"客户体验"成了一个很常用的词，但就像"创新"和"设计"一样，你实际上很难给它找到一个众所公认的明确定义，尽管许多企业都将改进客户体验视为一项差异化的竞争优势。可是，如果我们连某种东西的定义都说不清楚，又如何谈得上对其加以改进呢？

多年以来，人们一直在努力为“客户体验”下定义。有时，它被定义为“一种数字化体验和互动”，比如说通过网络或智能手机。还有的时候，客户体验重点关注的是零售或客户服务，或呼叫中心解决问题的速度。为了真正取得长期的成功，你需要将上述这些以及更多的内容纳入客户体验的定义：它是客户与你的公司和品牌互动方式的总和，这种互动不是发生在某时某刻，而是自始至终贯穿于整个的交易过程。客户体验看起来有些虚无飘渺，似乎是魔法的产物，而且只有某些公司（人们通常想到的是 Zappos、苹果、Google、西南航空）才能经常施展这套魔法。实际上，客户体验来自具体可控的因素——接触点。正如我们在 Zipcar 的案例中所看到的一样，接触点可能为数众多且多种多样，但公司可以识别、设计并整合这些接触点，公司需要考虑的有三个层面：

① 客户之旅：首先，你需要深入了解的基本知识，就是客户与你的公司进行互动的整个“旅程”。在 Zipcar 的案例中，这段旅程始于向客户介绍租车服务、吸引他们注册，随后的各个阶段都是以此为起点的。我们将讨论如何分析客户之旅，以及在整个旅程中有哪些步骤、行动、问题、障碍和情感。

② 接触点：接下来，我们将讨论如何提供产品、网站、广告、呼叫中心等接触点，让它们在整个旅程中对客户予以支持。Zipcar 公司成功地扭转了人们对汽车租赁的观念，这表明巧妙运用接触点可以改变竞争规则。

③ 生态系统：最后，我们要探讨由产品、软件和服务组成的整合型生态系统如何为客户之旅和客户体验开辟新机会，这些机会是孤立接触点无法提供的。

但如果情况是这样，为什么当我们想到客户体验时，出现在脑海里的总是少数那几家公司的名字？设计一种卓越的客户体验，就需要公司中通常是独立工作的各个群体在产品开发的不同阶段开展大量的合作。在许多情况下，仅仅是为了建立一个接触点，就需要营销、产品设计、客户服务、销售、广告公司以及零售合作伙伴等所有各方之间的协调配合。星巴克不仅仅只卖咖啡，它营销的是一种休闲方式乃至社交生活；而迪斯尼也不单单是一个简单的游乐园，它还有音乐、电视剧、电影，甚至还开办了大学教人们如何做动画创意，它通过整套体验来增加与消费者的接触点。这些公司都是体验式经济时代的大赢家。客户体验是一家公司能传递给客户的一切。现今的公司已经不再单单只出售产品，它们出售的是整套客户体验。每家公司都应该意识到出售给客户的是整体的客户体验。举两个例子就能看出这当中的差别在哪里。比如：索尼和苹果，这两家公司的产品大家都耳熟能详。它们的差别在于苹果公司非常了解怎样将整体的客户体验卖给消费者，它不仅有苹果商店，而且有 iTunes 软件产品及应用商店，它的广告也有独树一帜的风格，总体来讲，苹果公司是将一整套客户体验传递给用户。而索尼只是出售产品，所以它们的产品在市场上与三星、LG 进行激烈的竞争，这当中它就缺少了很多差异化，因为产品本身改变的余地是有限的。毫无疑问，在竞争中，我们看到，苹果公司赢得了市场。

真正体验式的公司和普通出售产品的公司的差距，在于体验式的公司通过各种体验式的环节和客户产生了许许多多的接触点，通过这些接触点，让客户整体意识到这家公司的独特性，这样差异化就在当中产生了。例如，苹果手机和黑莓手机。iPhone 除了手机产品之外，它还有 Apple Store，在这里消费者能够领略触摸式的体验流程，另外，它还有 iTunes 以及不计其数的应用产品；而黑莓手机就是一个手机，消费者把它买回去，和这家公司的关系基本上就结束了。体验式公司用更多的接触点与消费者互动，同时，所有的接触点都要有品牌名称，让消费者更加深刻地记住。例如：苹果公司为消费者提供的整套体验都有品牌名称，即 iPhone、Apple Store、iTunes。在整个体验环节中，除了为当地消费者改变的部分，要确保其他接触点的体验都具有一致性。出售产品的公司一定要通过增加服务来增加完整的客户体验。但是，对于只有服务的公司而言，它一定要有实体的产品。在中国市场，海尔、联想、李宁都是中国非常成功的企业，但是它们如果只停留在产品本身的竞争层面，早晚它们会失去忠诚客户的心。最终，它们还要认识到如何把产品包装成一个体验的流程打包卖给客户，这也是成为全球超级大公司的秘籍。

通过对满意度和忠诚度的分析来给消费者一个完美的体验，同时为企业创造更大的利润空间。我们要找到体验过程中的关键时刻，这个关键时刻很容易被企业忽略。假如从顾客入店到出店期间，他会接触 10 个不同的接触点，看似这 10 个不同的接触点都很重要，企业会尽力把这 10 个接触点做到完美，但是，它实现起来是有困难的。

这 10 个接触点是否同等重要呢？答案是否定的。在忠诚度的观察中，至少有 2～3 个关键时刻是非常重要的，只要把这 2～3 个关键时刻做到完美，客户就会有一个愉悦的感觉，忠诚度就会间接提升。

那么这几个重要的关键时刻如何在完美体验中来寻找？例如：香格里拉在全球的客户体验都是一致的，他们下达的指令是在几个关键时刻所有与之有关的团队都要警觉起来，把这个时间点的服务做好。经常乘坐飞行的人可能是商务人士，从机场下了飞机去香格里拉饭店，这个途中人是容易焦躁的，香格里拉找到了这个关键时刻，他们从接机到入房给消费者一个非常舒服的感觉。正因为香格里拉有这样的服务，所以它可以收高价。其实创造利润不在于客户群要很多，只要客户有价值感。当然，只有组织的最高层对完美客户体验达成共识，才能把完美客户体验深入到组织的各个方面，才能真正把完美客户体验打造出来并传递给客户。现在许多组织的最高层对完美客户体验的理解和意见并不统一，他们需要对什么是完美客户体验达成共识。

中国讲究“顾客就是上帝”，那么如何提升客户黏度，让上帝买得舒心和放心？商家赚取的美元、欧元、人民币，每一块钱都出自于客户身上。所以，我们就不难理解客户关系为什么如此重要了。中国很多企业都拿忠诚度指标作为考核的数据，这个方法并没有错，只是欠缺了客观的因素，因为不是所有的忠诚客户都能带来利润。所以，我们要对忠诚客户进行分群、分层地评级排名，其实，我们真正需要关注的是能给我们带来可观利润的忠诚客户。这样就让我们在寻找策略的时候有的放矢，持久留住这些有价值的忠诚客户。具体的方法是从利润的角度来做切割，了解消费者在金钱配置上的讯息，把消费者的忠诚度与金钱分配联系在一起。为什么在同一个家庭，大家没有使用同一款手机？家庭成员在选择手机的时候，他们到底考虑的是哪些品牌，他们对不同品牌的满意度及相应的金钱配置是怎样的？如果传统顾客指标与市场占有率无太大关系，那么是什么在影响市场占有率？一般企业在计算市场占有率的时候会用销售额除以市场总的销售额，它所得的百分率就成了衡量市场成长和下降的依据。这个计算并没有错，但是计算的背景缺乏了策略内涵。市场份额的占比有三个杠杆，即顾客的使用程度、渗透率、钱包的份额。我们通过一个简单、前所未有的公式来预测市场占有率，这个公式就是钱包分配规则。无论是不同公司还是不同行业，一个品牌的钱包分配规则得分与其市场占有率之间的相关性都是非常一致的。此外，市场份额占比的提升要有好的忠诚度策略。忠诚度的衡量在于在同品类中消费者购买的分量是多少。很多企业在做忠诚度评估的时候只做满意度调查或者忠诚度调查，但是在同样的满意度和忠诚度下企业获得的利润是不同的。例如，沃尔玛一直在追踪顾客的忠诚度，几年下来，他们发现，虽然业务非常高，但是满意度不及竞争对手高。他们经过市场调研，发现顾客反馈的信息是沃尔玛的店太杂乱，购物不轻松。后来，沃尔玛做了一个影响力计划，为了顾客有一个更好的购物体验，他们把旗下所有的门店进行更新，这样一来的确让顾客的满意度创下了历史新高，然而，有一个问题，他们始料未及，他们单店的销售额进入了漫长的下滑期。他们认为，单纯评估顾客满意度不是长期的经营策略。对于中国企业而言，不要仅仅只是口头上说关怀客户，仔细思考一下要取悦客户并留住他们到底具体需要怎么做；跟踪客户满意度是不够的，必须理解客户忠诚度的重要性，必须将客户的忠诚度转化到利润的方向上来，只有比竞争对手拥有更高的客户忠诚度，才有可能赚取更多的金钱。关键之处在于企业要把客户衡量标准与商业利润结合到一起。比如，大多数情况下，客户决定购买汽车及通信产品与购买金融产品或零售产品不同，企业要知道消费者每一分钱都花在哪一部分上。所以要保持住消费者，就不要一味地追求客户忠诚，而是将可量化的盈利与客户的满意度紧密结合，占领钱包份额制高点。

客户满意度＝客户体验－客户期望。“现代营销学之父”菲利普·科特勒（Philip Kotler）认为，顾客满意“是指一个人通过对一个产品的可感知效果与他的期望值相比较后，所形成的愉悦或失望的感觉状态”，客户满意水平是可感知效果和期望值之间的差异函数。因此根据定义要想提高客户的满意程度，很重要的一点就是减小客户体验与客户期望之间的差距。“5GAP”模型阐述了这种差距产生的原因，如图 4－1 所示：GAP5 是客户期望与客户体验的服务之间的差距，这是 5GAP 模型的核心，是其他四种差距累计的结果。GAP1 是事前调研的不足，没有真正认识到市场需要，这是企业战略定位出现了偏差；GAP2 是未选择正确的流程管理，没有将管理层的感知转化为最终的产品和服务；GAP3 是既定的流程没有被落实，这是人力资源管理的不足，在流程设计过程中忽略了“人”，或对人的激励不足；GAP4 是企业的市场承诺与顾客让渡价值之间的差距，是市场营销的不足，营销部门是连接外部环境与企业内部各职能部门的桥梁，应该采取整体营销策略，各职能部门相互协作。

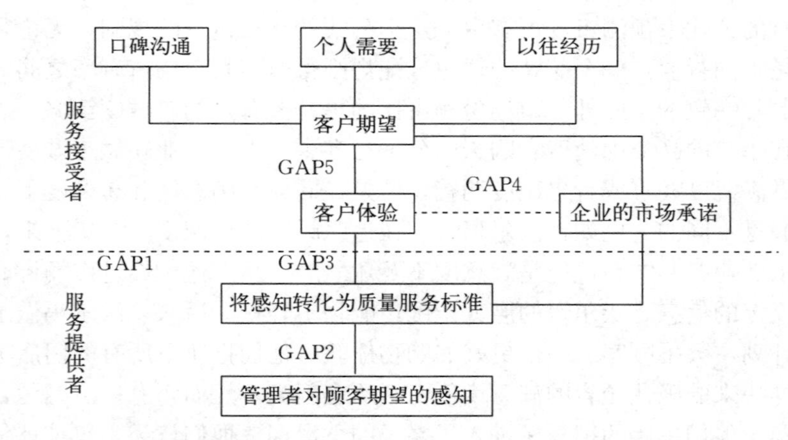

图 4－1　服务质量差距模型（Service Quality Model）（5GAP 模型）

根据模型可以看出客户期望会受到口碑传播、个人需要和过往经历影响，属于外部影响因素，企业不可控或控制力不足，所以我们把重点放在客户体验上，这是企业可控的部分。研究重点在 GAP1，GAP2 和 GAP3 的形成，即企业要怎样做好客户体验管理？

客户体验与客户体验管理客户体验（Customer Experience）是一种纯主观在用户使用产品过程中建立起来的感受。现代服务理论研究表明，客户体验有三个主要的来源：整体品牌形象、产品和服务本身的特质以及与企业的交互和接触的过程。

客户体验管理（CEM，Customer Experience Management）是近年兴起的一种崭新客户管理方法和技术。根据伯尔尼 H·施密特（Bernd H. Schmitt）在《客户体验管理》一书中的定义，客户体验管理是“战略性地管理客户对产品或公司全面体验的过程”。它以提高客户整体体验为出发点，注重与客户的每一次接触，通过协调整合售前、售中和售后等各个阶段，各种客户接触点，或接触渠道，有目的地、无缝隙地为客户传递目标信息，创造匹配品牌承诺的正面感觉，以实现良性互动，进而创造差异化的客户体验，实现客户的忠诚，强化感知价值，从而增加企业收入与资产价值。

客户体验管理框架（Customer Experience Framework）则是用于全方位指导客户体验管理实施过程的流程和策略的集合。

首先明晰客户接触过程。通过梳理客户接触过程，一方面实现对客户从最初接触企业信息到最终持续使用公司产品或弃用公司产品的全过程的把握，另一方面通过梳理客户接触过程来找出这个过程中的各个关键客户接触点，也就是给客户带来感知的交互场景。

其次是定义客户感知状况和期望。在理清接触过程后，需要通过客户访谈和调研等方法明确客户感知内容，了解客户感知现状和期望。客户感知期望的确定可通过分析客户对竞争对手和行业领先企业的感知状况来定义。

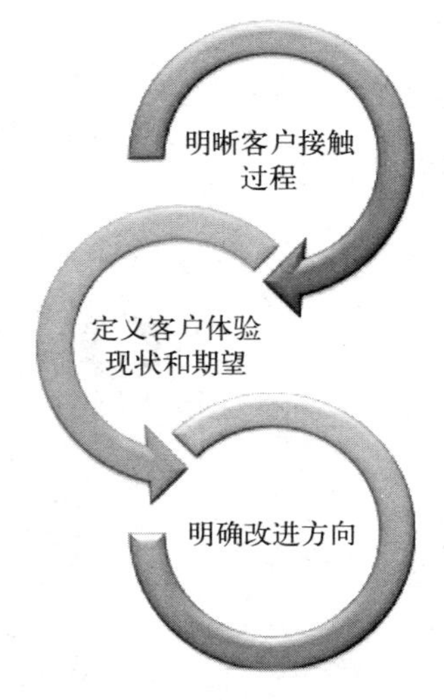

图 4－2　客户体验管理框架（Customer Experience Framework）

最后是明确改进方向。改进方向的明确首先需要区分各个感知点对客户影响的重要度，这可通过前面所述的客户调查一并进行，而后综合评估客户期望、企业能力、ROI（投资回报），围绕重要感知进行体验设计（我们能够为客户提供怎样的最佳体验），并结合感知现状进一步明确未来体验改进的方向和目标，制定改进策略（包括提升哪些感知点、提升目标、关键举措等）。

3. 客户体验管理的落地——客户旅程图

接下来我们以汽车租赁服务为例，利用客户旅程图（customer journey map）来简单阐述做好客户体验管理的具体流程：

（1）画出初始的客户旅程图。在画初始客户旅程图的过程中要注意两点，“以客户为中心”和“抓大放小”。这是因为客户旅程图的分析完完全全从客户的角度进行，采用的方法是市场调研，了解客户的真正需求，简单的内部访谈和分析绝对无法推广到真实的客户身上。客户旅程图关注客户从最初访问到目标达成的全过程，工具的普遍适用性和重复使用性决定了它不能仅仅关注某一个细节。

以汽车租赁为例，整条路径就是客户提交的租赁申请，申请被及时地接收和审核，在汽车租赁期内出现任何问题有能够有诉求的渠道，租赁期满还车，对于单个客户来说整条路径结束，但对于企业来说整条路径是一个端到端的循环，因为企业不是服务于单个客户，或者为同一个客户不止服务一次，企业的客户体验管理是一个不断改进、不断完善的过程。

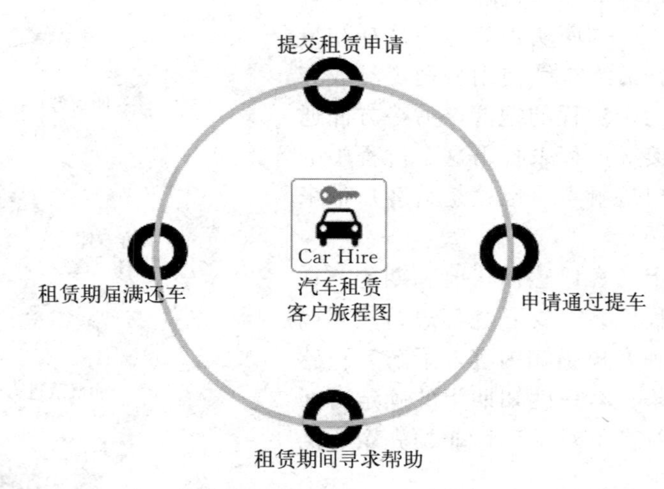

图 4-3　初始客户旅程图——以汽车租赁服务为例

（2）识别图中的关键客户接触点。关键客户接触点也是赢得客户的关键时刻，因为与客户接触的点也是传递客户价值的点，这些点可能是直接接触点，也可能是间接接触点。同样以汽车租赁服务为例，客户网上提交租赁申请时，操作界面的设计、申请过程的难易、申请被审查通过的时长都会影响向客户传递的价值，影响到客户体验。

（3）定义各接触点的客户体验的测量指标。之前的客户体验都是定性的描述，接下来就要进行定量的测量，也就是定义各个接触点的客户体验测量指标。正如前面讲到的，客户体验更多的是客户在使用产品或接受服务过程中的主观感受，是无法直接测量的，这里是通过能够影响到客户体验的其他变量来间接测量客户体验。

例如，在第（2）步讲到的租赁申请从提交到审查通过所需要的时间会影响到客户体验，时间长度是可以被定量的，所以间接的客户体验也可以被定量测量。

（4）了解客户体验现状和期望。客户体验被间接地测量后，企业就可以了解到目前客户期望被满足的程度，以及根据外部市场环境和行业内竞争对手的做法，结合企业自身的能力，明确未来需要改进的方向和目标。

这里的期望包括两类。一类是客户期望，是企业应该满足的最低标准，因为一旦客户体验低于客户期望，客户就是不满意的；另一类是行业标杆，是企业要尽力达到的标准，因为企业想在行业中长期立足，就要不断缩小与行业领先者之间的差距。把客户期望设为 0，行业标杆设为 100%。最后，目标的设立应该是公开透明的，要让员工参与到目标设立的过程中，特别是要与客户接触的员工。

（5）明确各项改进策略的主要负责人。客户体验管理最终要落实到个人，建立起承诺体系、动态监控体系和以考核机制为核心的支撑体系。将改进举措的责任具体到个人，避免流于形式主义，要定期收集客户反馈，把握客户体验状况，推动服务承诺体系持续优化，建立学习型组织，不断提升客户体验。

表 4-1　客户体验管理过程——以汽车租赁服务为例

初始客户路径图	关键客户接触点	PMI	标杆	负责人
提交租赁申请 “我需要一辆车”	提交申请	申请时长	90%的申请在两天内完成	
	申请审查	审查通过率	98%	
申请通过，提车				
后续支持　一旦租赁期内出现问题，怎么解决	客户投诉	响应速度	95%的客户投诉在 90 分钟内作出响应	
	客户回访	每月回访客户数	≥27	
	车辆维修	故障率	≤3%	
租赁期届满，还车				

AMT顾问在帮助某企业推动以“客户为中心”的运营变革时，就充分运用到客户体验管理的理念和工具，在企业内部推动基于客户感知的前后台服务承诺机制建设，一是打通前后台，实现客户需求的对内传递和业务服务向外支持顺畅无阻碍的实现；二是服务承诺，服务承诺要求每个环节提供标准化而有质量的服务内容，确保最终结果满足客户体验要求。通过机制和理念上的转变来实现客户感知的对内“无阻碍”传递和业务部门对客户需求的“无延迟”响应，让客户需求成为企业运营的牵引力，实现“以客户为中心”理念的落地践行。

（二）消费者行为的影响因素

1. 文化因素

文化是人类知识、信仰、艺术、道德、法律、美学、习俗、语言文字以及人作为社会成员所获得的其他能力和习惯的总称。文化是人们在社会实践中形成的，是一种历史现象的沉淀；同时，文化又是动态的，处于不断的发生变化之中。

文化一般由两部分组成：

第一，全体社会成员共同的基本核心文化。

第二，具有不同价值观、生活方式及风俗习惯的亚文化。

（1）价值观念。价值观念是指人们对社会生活中各种事物的态度和看法。不同的文化背景，人们的价值观念相差很大。市场的流行趋势都会受到价值观念的影响。企业在制定促销策略时应该将产品与目标市场的文化传统尤其是价值观念联系起来。例如，美国人希望得到个人最大限度的自由，追求超前享受，人们在购买住房、汽车等时，既可分期付款，又可向银行贷款支付。而在我国，人们则习惯攒钱买东西，人们购买商品往往局限于货币支付能力的范围内。

（2）物质文化。物质文化由技术和经济构成，它影响需求水平、产品的质量、种类、款式，也影响着这些产品的生产与销售方式。一个国家的物质文化对市场营销具有多种意义。例如，电动剃须刀、多功能食品加工机等小电器，在发达国家已经完全被接受，而在某些贫困国家不仅看不到或没人要，而且往往被视为一种奢侈与浪费。

（3）审美标准。审美标准通常指人们对事物的好坏、美丑、善恶的评价标准。由于审美标准对理解某一特定文化中艺术的不同表现方式、色彩和美好标准等象征意义起了很大的作用，所以市场营销人员尤其要把握和重视审美标准。如果对一个社会的审美标准缺乏文化上的正确理解，产品设计、广告创意就很难取得成功；如果对审美标准感觉迟钝，不但产品的款式与包装不能发挥效力，而且还会冒犯潜在的消费者，或者造成不良印象。

（4）亚文化群。每种文化之间有巨大的差异，在同一种文化的内部，也会因民族、宗教等诸多因素的影响，使人们的价值观念风俗习惯和审美标准表现出不同的特征。亚文化通常按民族、宗教、种族、地理、职业、性别、年龄、语言、文化与教育水平等标准进行划分。在同一个亚文化群中人们必然有某些相似的特点，以区别其他的亚文化群。熟悉目标市场的亚文化特点，有助于企业制定相应的营销策略。

企业和市场营销人员必须加强对文化的研究，因为文化渗透于产品的设计、定价、质量、款式、种类、包装等整个营销活动之中。营销人员的活动，实际上成了文化结构的有机组成部分。因而，他们必须不断调整自己的活动，使之适应国际市场的文化需求。各国之间的文化交流、渗透、借用乃至文化变革，要求市场营销人员应具有理解和鉴别不同文化的特点和不同文化模式之间的细微差别的能力，并对消费行为进行跨文化分析，从而真正把握不同文化背景下消费者的需求及行为发展趋势。

2. 社会因素

消费者行为亦受到社会因素的影响，它包括消费者的家庭、参考群体（Reference）和社会阶层（Social Class）等。

（1）家庭。家庭是消费者个人所归属的最基本团体。一个人从父母亲那学习到许多日常的消费行为。即使在长大离家后，父母的教导仍然有明显的影响。

消费者行为深受家庭生命周期的影响，每一个生命周期阶段都有不同的购买或行为型态，销售者有时可以生命周期阶段来界定其目标市场，并针对不同的生命周期阶段发展不同的行销策略。

（2）参考群体。一个人的消费行为受到许多参考群体（Reference Groups）的影响。直接影响的群体称为会员群体（Membership Group），包括家庭、朋友、邻居、同事等主要群体（Primary Groups）和宗教组织、专业组织和同业工会等次级群体（Secondary Groups）。崇拜群体（Aspirational Groups）是另一种参考群体。有些产品和品牌深受参考群体的影响，有些产品和品牌则鲜少受到参考群体的影响。对那些深受参考群体影响的产品和品牌，消费者必须设法去接触相关参考的意见领袖（Opinion Leaders），设法把相关的讯息传递给他们。

（3）社会阶层。社会阶层是指按照一定的社会标准，如收入、受教育程度、职业、社会地位及名望等，将社会成员划分成若干社会等级。同一社会阶层的人往往有着共同的价值观、生活方式、思维方式和生活目标，并影响着他们的购买行为，美国市场营销学家和社会学家华纳（W. L. Warner）从商品营销的角度，将美国社会分成六个阶层。既然每个社会都有不同的阶层，其需求也具有相应的层次。即使收入水平相同的人，其所属阶层不同，生活习惯、思维方式、购买动机和消费行为也有着明显的差别（表 4－1）。因此，企业和营销人员可以根据社会阶层进行市场细分，进而选择自己的目标市场。

3. 个人因素

消费者的购买决策亦受到若干个人因素的影响。这些个人因素包括年龄、职业、所得和生活型态（Lifestyle）等。

生活型态是人们所遵循的一种生活方式，包括使用时间和花费金钱的方式。一个人的生活型态通常透过他的活动（Activity）、兴趣（Interest）和意见（Opinion）（通称为 AIO）来表达。

4. 心理因素

众所周知，人的行为是受其心理活动支配和控制的。所以，在市场营销活动中，尽管消费者的需求千变万化，购买行为千差万别，但都建立在心理活动过程的基础上。消费者心理活动过程，是指消费者在消费决策中支配购买行为的心理活动的整个过程。影响消费者心理活动过程的主要因素有需要、认知、学习、态度等。

（1）需要（Needs）。需要是指在一定的生活环境中，人们为了延续和发展生命对客观事物的欲望的反映。心理学研究表明，人的需要是由于人们自身缺乏某种生理或心理因素而产生的与周围环境的某种不平衡的状态。人们的需要确定了人们行为的目标。因此，需要是推动人们活动的内在驱动力。

美国著名的心理学家马斯洛（A. H. Maslow）于 1951 年提出了“需要层次论”。他根据人们对需要的不同程度，把需要分成若干层次，即生理需要、安全需要、社会需要、尊重需要和自我实现需要（图 4－2）。根据马斯洛的“需要层次论”，并经过长期的实际观察，证明了人的各种需要具有以下三个特点：

① 人的需要是由低级向高级发展的。只有满足了低层次的需要，才能产生高一层次的需要。

② 当各层次需要全部满足或部分满足后，就开始追求各层次需要的质量水平。

③ 各层次的需要可能交替出现，即它们具有相互交织，波浪式发展的性质。

马斯洛认为，每个人的行为动机一般是受到不同需要支配的，已满足的需要不再具有激励作用，只有未满足的需要才具有激励作用。这一观点，对市场营销人员具有很大的启示。首先，营销人员要不断发现消费者未被满足的需要，然后应想方设法、最大限度地去满足他们；其次，营销人员在分析消费者特性后，将促销方式、广告、宣传集中于多层次消费者需要上，以获得最大效果；再次，营销人员可以针对某个层次的需要来确定目标市场，并进一步制定市场营销策略。

（2）认知。消费者对商品的感觉与知觉、记忆与思维构成了对商品的认知。感觉与知觉，是指人们通过感觉器官对商品个别属性或整体的认知。这是认知过程的形成阶段。

（3）消费者对产品的辨别。

- 根据视觉对商标上文字、图案的认知作判断。
- 通过视觉、听觉、味觉、嗅觉和触觉对商品进行区分。
- 通过广告宣传的刺激，对商品产生印象。

知觉是感觉的延伸，它受到各种主客观因素的影响。其中，消费者自身的兴趣爱好、个性、对品牌的偏爱以及自我形象是知觉的先决条件；产品形象、企业形象及其吸引力是知觉的基本条件；广告宣传、营销人员的行为则是促成消费者对商品知觉的关键因素。

为了进一步加深对商品的认识，消费者会利用记忆、思维等心理活动来完成认知过程。记忆是指人们对过去经历过的事物在大脑中的贮存，并在一定的条件下重现出来。它对消费者的认识发展具有十分重要的作用。商品的名称、商标、包装、广告均为消费者记忆的主要内容，其中商标是消费者最易识别、最主要的商品标志。思维是人们对事物一般属性及其内在联系的间接的概括反映。消费者通过对感知、记忆形成的商品“印象”进行分析、比较、判断、推理、综合等环节达到认识发展的高级阶段，最终作出购买决策。

市场营销人员应该随时洞察消费者心理活动，利用广告宣传、人员推销等手段，引起他们对产品的关心和注意，诱发欲望和需求，促成消费者的购买行为。

（4）态度（Attitude）。消费者态度是指消费者在购买或使用商品的过程中对商品或服务及其有关事物形成的反应倾向，即对商品的好恶、肯定与否定的情感倾向。消费者若持肯定态度，则会推动其完成购买行为；若持否定态度，则会阻碍甚至中断其购买行为。根据消费者在购买商品时所反映态度的不同程度，它可分为三种类型。

- 完全相信型

即消费者对所要购买的产品的各个方面持完全肯定的态度。这种态度往往会导致购买行为的实现。

· 部分相信型

即消费者对所要购买的产品并不十分满意或不完全相信。在这种情况下，消费者往往犹豫不决，拿不定主意。营销人员应该为消费者操作示范，详细讲解，增强消费者对产品的信任感，导致其购买行为。

· 不相信型

即消费者对所要购买的产品持完全否定的态度。

造成这种情况的主要原因为：

第一，产品不符合消费者的心理需求。

第二，消费者发现产品的缺陷及不足。

第三，消费者发商品的实际性能与广告宣传不符，从而形成对商品的不信任态度。

消费者对商品持不信任态度，一般很难导致购买行为，只有通过各种方式消除消费者的疑虑、不信任，改变消费者态度，才会引起消费者的购买欲望，导致购买行为。影响消费者态度转变的主要因素有价值观念、经验、个性等态度形成特征，以及信息、广告宣传、消费者之间的相互影响、群体压力等外界因素的影响。因此，企业和市场营销人员必须做到：

① 利用各种形式如广告宣传、产品展销、操作表演等向消费者传递产品信息。

② 提高产品质量，改进产品性能，树立商品信誉和企业形象。

③ 加强产品的售前、售中和售后服务，促进消费者态度的转化。

(5) 学习 (Learning)。人类除了饥、渴、性等本能驱动力支配的行为外，其他行为都是经过学习而产生的。消费者的学习，是消费者在购买和使用商品活动中不断获得知识、经验和技能，不断完善其购买行为的过程。

消费者的学习有以下几种类型：

① 模仿式学习。即通过获取信息、观摩效仿的方法进行学习，其结果是消费者摒弃旧的消费方式，适应新的需求水平。

② 反应式学习。即通过外界信息或事物的不断刺激，形成一种相应的反应，并通过感观和体验为消费者所接受和学习，促使其进行购买。

③ 认知式学习。即通过对前人经验的总结与学习，辅之以复杂的思维过程，用自己的学识和辨别能力，对付面临的购买决策问题。

学习对于更好地指导、促进、提高消费者的购买行为，具有十分重要的作用，主要体现在：

① 增加消费者的产品知识，丰富购买经验。

② 进一步提高消费者的购买能力，促进购买行为的完成。

③ 有助于激发消费者的重复购买行为。

5. 政治因素

影响消费者行为活动的政治因素主要包括以下两个方面。

（1）政治制度。政治制度是指一个国家或地区所奉行的社会政治制度，它对消费者的消费方式、内容、行为具有很大的影响。如我国封建社会，统治阶级压迫广大妇女，缠足裹脚，妇女只能穿尖头小鞋。清王朝灭亡后，妇女缠足现象逐渐消失。为了适应这种变化，其他样式的女式鞋子出现了。又如我国是社会主义国家，我们的商品生产和商品交换都要符合社会主义的政治、文化和道德的原则。许多资本主义国家泛滥的东西，在我国既不允许生产，也不允许销售。所以，政治制度对消费者行为的影响是客观存在的，对消费者的购买行为有着不可忽视的影响。

（2）国家政策。国家政策对消费者的影响表现在当时国家提倡什么、反对什么，以政策形式对消费行为进行规范。如党的十一届三中全会以前的一段时期，“左”的影响在消费方面也有表现。穿得好一点说你是“资本主义”，“帽子”满天飞，似乎穿得越简单、粗糙，就越“革命”。有相当一段时间，广大消费者不论男女老少，都是清一色的“干部服”“解放帽”，从人的背影很难分出年龄，甚至男女。党的十一届三中全会以后，党中央实行改革开放，在消费方面，除掉了束缚消费者的“紧箍咒”。人们的消费内容越来越丰富多彩。人们的购买行为呈现出多样性、复杂性。特别是社会主义市场经济的繁荣、商品的丰富对消费者的购买行为产生了意义深远的影响。

二、客户体验对互联网营销的影响

互联网行业是最有潜力也是最有竞争力的行业，无论是电子商务、个人网站、门户网站还是搜索引擎或者是一些类似淘宝的网上商城。对他们来说他们最在乎的就是用户转换率以及网站对客户的吸引力。一个网站的用户仅仅通过敲击键盘或点击鼠标就能很便捷地转移到竞争对手那里去了。在这样的局势下，客户体验成为互联网公司留住客户的核心竞争力。

客户体验——这是每个公司都在不断完善的任务，小到一家个体经营企业，大到百度、搜狐、腾讯。重视客户体验的公司在全球市场市上大获成功，这一理念也日益流行，几乎是每一个企业都重视的。无论所处何种行业中，企业的客户体验都不是单点覆盖的，而是由多方面所组成的，一般会包括品牌形象、产品、服务以及用户付出的金钱成本、时间成本等。正是所有用户接触的感受差异，构成了用户对一家公司独特的体验认知。在这贯穿售前、售中、售后的长链体验中，客户体验无疑变成公司业绩的重中之重。

一项调查数据显示，在遇到互联网类业务问题时，会考虑与客服中心联系的用户不到10%，而实际采取行动来联系客户的用户更不到1%，可见后期网站的完善性也是非常重要的，当然因为互联网公司用户规模通常都很大，例如淘宝网用户数在2010年3月5号调查的一项数据点击量已经突破2亿/天，即使是1%的用户向客服中心寻求支持，其绝对数量也是巨大的，相应的坐席运营压力也是很大的，但这个相对比例偏低，就意味着传统客服中心的一个重要价值点——当客户抱怨得到满意受理时，客户的忠诚度反而比普通用户更高——在互联网客服中心体现并不明显。这里说的并不明显，并不是说帮助客户高质量的解决抱怨问题，毕竟与客服中心要为客户提供的数量来说相比重太小了。导致对整个公司来说这项增值在客户体验管理流程中显得不再突出。

那么在客户体验管理中有没有新的增值点？“主动服务”，这是针对公司业务特点提出的。客服工作者在受理用户的咨询投诉单之外，还要具备针对受理用户咨询投诉的问题进行敏捷分析和业务情景体验的能力，并推动前端产品的优化。这样带来的益处是显而易见的，不仅能够直接服务到来客服中心求助的用户，还能够从这些客户中分析出产品的优缺点，甚至是满足客户潜在需求新功能点、挖掘出潜在的需求、拓展业务范围。当产品前端完成这些优化的时候，那99%并未接触客服中心的用户体验也立即得到改善。优化后客户体验点不再成为用户流失的威胁，甚至在很多时候这些细节上的改善会给用户带来大惊喜，反而成为同类产品的竞争优势。而客服中心的工作自然地渗透到客户体验管理的整个流程。

可见主动服务在呼叫产业中不管是在客户体验、产品销售、客服工作以及售后服务中都有很大的潜在效益，主动服务投入的边缘效益高，并且符合客服中心的价值定位，可实现用户、产品客服的共赢。

不可否认的是，要给客户完美体验并非易事。但是，企业不妨去寻找一些新颖的方式来提升端对端客户体验。以下有九个诀窍可供参考。

1. 了解你的客户

客户知道什么是好的服务。他们希望通过自己喜欢的渠道，在每次与企业的交互中都得到好的服务。根据美国市场研究机构Forrester的调查数据，客户通常喜欢通过电话来与企业沟通，其次是电子邮件和网络自助服务。同样，我们也通过客户统计数据发现，就沟通渠道而言，不同的人有不同的偏好。例如，年轻人更喜欢使用点对点的交流方式、社会网络和类似于聊天性质的即时服务渠道，所以企业必须提供这些技术支持。你要了解客户的特征和偏好，确保可以用他们喜好的方式与之进行沟通。

2. 服务要与品牌相符合

忠诚于自身品牌很重要。你给客户提供的服务体验也要支持你公司自身的价值定位。在这个信息爆炸的世界里，让客户了解你的企业定位格外重要。同时，一个品牌，代表了他未来的商场地位。根据品牌，能让人一眼就能了解其服务内容是很重要的。

3. 整合交流渠道

在企业的服务体系内，客户与企业的交流不应仅限于某单一渠道，要能通过某一个交流渠道开始，再通过另一个交流渠道完成。例如，客户可以从打电话询问开始，而后从邮件中得到更多相关的细节信息。

要想让客户有这样的体验，企业所提供的交流渠道必须相互贯通，不可相互独立。这样客服代表既能通过传统渠道，也能通过社会渠道，完整把握客户与企业的交流。并且，如果客户最早是在网络自助服务系统提出服务要求的，客服代表也应该能看到整个处理的历史记录，这样他们就不用重复询问或调查，从而不致降低客户满意度。

4. 整合客户服务体系与其他应用程序

客服代表必须要在差不多二十个不同的应用程序中检索客户所需要的信息，这样一来，增加处理问题的时间肯定就不可避免了，结果就是客户相当不满。

客户服务体系不应仅仅只是一个为客户提供信息、解决问题的数据库的前台，而是应该与后台的应用程序整合在一起。这样客服代表才可以更快、更准确地回答客户的疑问。

5. 明确何为优质的服务体验

客服代表常常不按相同的客户服务应用程序行事，这样就影响了客服代表之间的一致性，导致了很高的人事变动率。有一个解决的方法，就是将业务流程管理应用到客户服务中。客服代表根据屏幕上的信息行事，屏幕上面会显示与客户需求相符的信息，并能保证其服务与企业政策相符合。

6. 客户体验至上

让客户对服务有一定的期望值，并提供相应的、能达到该期望值的服务，这一点很重要，因为这能建立客户对企业的信任感。同样，企业也应该积极主动地为客户提供服务，如主动发送服务提醒和解决常见问题的方法，让客户自己确认在哪些情况下他们希望被告知。这种沟通能让客户群更稳定。

7. 关注企业的知识战略

一个好的知识流程是优质服务的核心因素。网络自助服务是必需的，并且，客户通过各个交流渠道联系到的客服代表必须保持一致的“口径”，这可以保证解答的连贯和准确。

将相关的知识联系在一起是一件任重而道远的工作。方法一就是让客服代表标记出不准确、不完整的内容，或者是用自动化的工具将最常碰到的问题放到常见问题表（FAQ）的最顶部。

8. 用 2.0 网络工具来管理客户群

还有一个常见的策略就是建立论坛，从而建立起点对点的交流，让客户可以进行自助服务，同时缓解客服中心那边的压力。至于没有得到解决的问题，客户可以继续向客服代表提出。除了知识库以外，在论坛上出现的各种讨论帖也是很好的资源。

9. 倾听客户的声音

聪明的企业会在每次沟通后收集客户的反馈，并通过一些开放性的问题征求他们的真实意见。它们会在所有用户可见的知识库中附上反馈表格，让用户来评价这些解决方案，然后用收集到的反馈来优化自身的服务。

三、提高客户体验的手段

（一）客户服务

客户服务（Customer Service），是指一种以客户为导向的价值观，它整合及管理在预先设定的最优成本——服务组合中的客户界面的所有要素。广义而言，任何能提高客户满意度的内容都属于客户服务的范围之内。（客户满意度是指：客户体会到的他所实际“感知”的待遇和“期望”的待遇之间的差距。）

客服基本分为人工客服和电子客服，其中又可细分为文字客服、视频客服和语音客服三类。文字客服是指主要以打字聊天的形式进行的客户服务，视频客服是指主要以语音视频的形式进行客户服务，语音客服是指主要以移动电话的形式进行的客户服务。

基于腾讯微信的迅猛发展，微信客服作为一种全新的客户服务方式，出现在客服市场上。微信客服依托于微信精湛的技术条件，综合了文字客服、视频客服和语音客服的全部功能，具有无可比拟的优势，因此备受市场好评。

1. 避免服务不好的印象

肯定和成功的第一印象对公司带来良好的收益，而不良的第一印象所带来的危害，远比能意识到的还要严重。客户有了如此之多的选择机会，又有如此之多的企业争抢着吸引他们的注意力，不但不能忍受不好的服务，并会因此而离开公司另寻新欢，而且会将对公司不好的印象向更多的人传播。所以，要提升服务质量，首先要避免给客户留下服务不好的印象。

2. 弥补服务中的不足

对服务中的不足，要及时弥补，而不是找借口推脱责任。通过“服务修整”，不但可以弥补服务中发生的问题，还可以使挑剔的客户感到满意，使你和竞争者之间产生明显差别。

3. 制定服务修整的方案

每个企业及其员工都会犯错误，客户对这点能够理解。客户关心的是你怎样改正自己的错误。对服务中出现的问题，首先是道歉，但并不仅仅如此，还需要制定出切实可行的方案，用具体的行动来解决客户的问题。假如客户提着损坏的或者失效的空气滤清器来到汽车配件商店，应该做的是当场退换，如果时间允许，他的车又停在你店前的停车场上，那就应该帮助他把部件装到车上去。

4. 考虑客户的实际情况

在为客户提供服务的过程中，要考虑客户的实际情况，按照客户的感受来调整服务制度，也就是为客户提供个性化的、价值最高的服务。

5. 经常考察服务制度

企业制定服务制度的目的是更好地为客户服务，帮助客户解决问题，满足他们的需求，达到和超过他们的期望。如果因为制度问题影响了客户服务质量的提高，就要及时地修改制度。

6. 建立良好的服务制度

良好服务制度的含义基本上就是好事好办。通过良好的服务制度，可以很好地指导客户，让他们知道你能向他们提供什么以及怎样提供。通过良好的服务制度，可以极大地提高企业内部员工的服务意识，提升服务质量。

7. 老客户和新客户

即使做不到更好，也要把为老客户服务看得与为新客户服务同等重要。很多企业把更多的精力放在争取新客户上，为新客户提供优质的服务，却忽视了对老客户的服务，这是非常错误的。因为发展新客户的成本要大大高于保持老客户的成本，等到老客户失去了再去争取就得不偿失了。所以，重视对老客户的服务可以显著地提升服务的质量。

（二）产品体验

说到用户体验，大家都已经耳熟能详了。无论是互联网产品还是传统软件行业的产品，都越来越重视用户体验，都已经把用户体验提升到一个新的高度。大家谈论用户体验的方式也有很多，每个人都有不同的见解，在读过《用户体验要素》这本书后，发现其中所描述的五个用户体验要素与我们日常产品设计当中的过程非常相似，都是概念设计→功能设计→信息架构和交互设计→

界面设计→视觉设计这样的过程，这个过程也被视为是产品设计和开发的标准过程。在这个过程当中融合进用户体验的元素，可以让产品在尚未上线运营就已经具备基本的用户接受度，使产品占得先机。

细细品味产品的五个用户体验要素，是否感觉和马斯洛的需求层次理论有点相近？都是从底层到上层的过程，从概念框架到界面视觉，逐渐面向用户的界面，逐步地接触到用户的实际体验。主要有如下五个层面：

1. 战略层

确定产品的范围，表明产品的战略目标，以及你所想通过这个产品所达到的目的；主要关注用户需求和产品目标。

2. 范围层

包含产品的各种特性和功能，任何一个功能是否该包含在这个产品当中，是范围层要决定的；主要关注功能组合和内容需求。

3. 结构层

用来设计用户如何到达某个页面，在用户操作之后能去什么地方；主要关注信息架构和交互设计。

4. 框架层

在表现层之下，用于优化设计布局，使文字、图片、表格等元素达到最大的效果和效率；主要关注信息设计和界面设计。

5. 表现层

用户看到的是一系列的界面，一般来说由文字、图片、Flash 等元素组成，可能这些文字、图片是可以点击并执行某种功能的；主要关注视觉设计。

跟盖房子一样，用户体验也需要从地基开始建设，实现用户的需求，马斯洛的需求层次理论为满足人们生理上的需求→安全上的需求→情感和归属的需求→尊重的需求→自我实现的需要，对应到产品的用户体验上则是有没有满足用户需求的产品→这产品能不能用，是否可靠→产品好不好用，是否足够吸引人→产品用得爽不爽，是否灵活响应用户需求→产品还有什么可改进的地方，参与到产品的建言献策当中去。用户从产品上线运营或交付使用的那一刻起，就一直伴随着产品的成长，这是产品人都希望看到的事。

（三）互动体验

体验互动式营销，就是指通过一系列的活动使得顾客在接触、感受中不知不觉地接受了商品、品牌，主体在体验互动对象——顾客，体验和互动是过程，结果是要实现顾客对商品、品牌等的认可、认购。所以，体验互动式营销的关键点就在于营销对象和营销方式。

营销对象会决定营销方式，营销方式也会影响营销对象，二者共同决定了结果。营销对象的不同决定了我们将会采取何种方式来进行体验互动，而营销方式又影响了顾客参与体验互动的程度。但两者的关系是有顺序先后的，而不是单纯的双向关系。

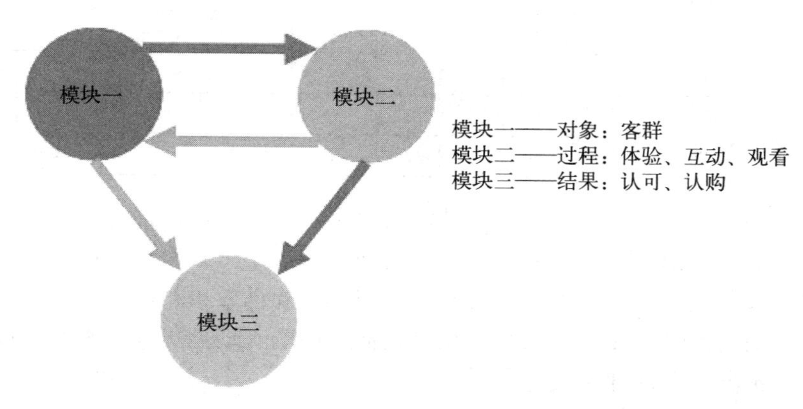

图 4－4　互动式营销要素关系图

根据三者的关系，笔者认为体验互动式营销有“两个方向，三大步骤”。

方向一：“推”，市场细分→营销推广→成交

步骤一：对象选择，也称为市场细分。这是第一步，也是重中之重，只有确定了细分市场——客群，才能使得接下来的营销方式有的放矢，增加活动的命中率。客群的细分因素可以有地域、年龄、收入、教育、文化、性格、性别等。笔者根据地域、年龄、收入和教育来描述相对应的营销模式：

表 4－2　互动体验参与度

因素		地域			年龄				收入			教育	
		一线城市	二线城市	三线城市	35岁以上	25～35岁	16～25岁	16岁以下	高	中	低	高	低
地域	一线城市	↑											
	二线城市	/	↑										
	三线城市	/	/	→↑									
年龄	35岁以上	→↑	→↑	↓	↓								
	25～35岁	↑	↑	→	/	→							
	16～25岁	↑	↑	↑	/	/	↑						
	16岁以下	↑	↑	↑	/	/	/	↑					

（续）

因素		地域			年龄				收入			教育	
		一线城市	二线城市	三线城市	35岁以上	25～35岁	16～25岁	16岁以下	高	中	低	高	低
收入	高	→	→	↓	/	/	/	/	→				
	中	↑	↑	→	/	/	/	/	/	↑			
	低	↑	↑	↑	/	/	/	/	/	/	↑		
教育	高	→↑	→↑	↑	/	/	/	/	/	/	/	↑	
	低	→	→	↓	/	/	/	/	/	/	/	/	→

一般来说，一线、二线城市流动性人口多，城市居民更加开放外向，年轻人群多，节日营销、文化营销的互动性更强。三线城市则表现得内向些。

简单概括就是，地域上，城市开放度越大，互动效果越好；年龄上，年龄越小，互动性越强；收入上，收入相对较低一些的互动性更强；教育程度上则是受教育越高，互动性越大。

步骤二：营销推广，根据目标客群的特征策划针对性的活动推广方案，吸引目标客群的注意力。笔者需要补充说明的是：从成交结果出发，文化营销属于中低端营销，更多的是聚集商场人气，增加客流量，促进成交率；个性化营销属于高端营销，更关注的是高客单，高成交。

方向二：“拉”，营销推广→细分市场→成交

步骤三：“拉”，也就是逆向营销。在目标客群不确定或者目标客群多元化的情况下，往往无法根据客群来制定营销方案，这时通过逆向营销，先制定营销推广方案，通过推广活动来吸引客群，实现体验和互动，最终实现成交目标。

这个方向对营销活动的策划和组织提出了很高的要求，往往要不就是出奇制胜，要不就是灰飞烟灭。

当你着急寻找优质答案的时候，付费可能是一种解决方式。最近，问答平台知乎宣布上线实时问答新产品“知乎 Live”，在知乎社区原有问答、专栏等文字形式基础上，为用户提供实时的问答互动体验。回答问题的“分享者”也可以将知识转化成财富，收费回答问题。

据悉，知乎 Live 的实时问答会在个人首页的顶部以入口形式出现。用户需要通过申请和审核，方能成为“分享者”，继而自主决定发起时间，在单独的窗口内围绕所擅长话题进行答疑、分享。而寻找问题答案的“听众”则需要通过购票获取参与资格，以在线问答的文字提问形式与嘉宾进行互动。

值得注意的是，在分享途中，分享者可以直接进行语音回答，在语音上方还会有相关问题的标注，方便信息检索。对于“门票”的价格，知乎方面表示，在测试阶段，“分享者”可以自行定价，而“听众”则可以选择购买与否。

知乎创始人周源表示，在线问答、一对多的形式，能够突破传统线下分享人数规模上的瓶颈，也极大程度地降低了分享者的成本。知乎 Live 能为专业用户提供更好的变现平台，以提升其基于专业领域的个人价值。

日前万达集团董事长王健林在万达内部讲话上称，过去万达在电商方面考虑盈利和商业模式多了，考虑线上线下融合少了，接下来万达电商要注重线上线下融合的产品开发，比如百货、文化、餐饮等如何进行线上线下融合互动。

王健林表示，O2O 并非像许多人理解的那样，重头在线上，而真正的核心是消费的互动体验。说到 O2O，王健林认为应该从以下两点进行把握：

第一，关键是互动。王健林以看电影这一场景为例，解释了何为线上线下互动服务。“没有 O2O，也能看电影，到现场排队买票，看电影的本质没变，但是如果能通过手机提前订票，选场次和座位，到了现场手机验票进场，这就多了互动服务，线上线下就相互融合了。”

第二，重点是体验。王健林认为，在消费者原有消费体验的基础上如何增加新的体验，让消费者享受更多服务，让消费者参与进来，这点很重要。“比如到万达广场消费，旺一点的广场停车排队几十分钟是常事，即使进了停车场，找车位也很麻烦，搞一个软件，出发前可知有无停车位，甚至可下单预订车位，一进停车场，手机导航可快速找到位置。百货零售的 O2O 也是如此，买衣服也要增加用户的体验，可否开发一套软件，人往那里一站就知道你的三围和各种尺寸，自动为你选择款式和大小，甚至可以量身定制。试衣的工作，手机上就能完成，如果满意，直接手机付款，拎包走人。”

得益于互联网手机品牌的崛起，手机电商市场经历了前两年爆发式增长，但在整个手机市场增速放缓和市场趋于饱和的状况下，单纯的线上渠道已经无法满足手机厂商巨大的销量目标，如今手机电商已经开始进入调整期，而曾经被人淡忘的线下渠道又将被重新重视起来。如此看来，线上线下全渠道布局才有利于品牌的良性发展。

其次，互联网模式虽然为用户提供了选择的多样性以及购买的便捷性，但在用户体验层面以及售后维护方面还有待提高。然而，当线下渠道的优势逐渐凸显出来之后，厂商与用户之间的互动式营销则显得尤为重要。像努比亚进行的互动式体验营销一样，通过让用户群体观摩、聆听、尝试等，使其亲身体验产品的性能和服务，以此来满足消费者的体验需求，从而促使消费者对产品有更深入的认知，不断拉近厂商和消费者之间的距离。

在“布拉格穿越之旅”活动中，很多消费者看到布拉格S，纷纷争相体验这款具有浓郁东欧人文气息的高颜值智能手机。布拉格S具有精美的外观，双面2.5D玻璃带来了细腻柔滑的手感，配合铝合金中框带来了金属与玻璃这两种材料的完美交融；除了外观上的高颜值，摄影功能是努比亚的看家法宝，布拉格S上当然也不会缺席。中框左侧设有专属的自拍按键，手指用很自然的姿态就能按下按键进行自拍，这一点是非常契合用户体验的设计的。可以说，努比亚在营销策略上真正把消费者的需求放在了第一位，可以在努比亚线下专卖店，通过互动式体验营销让用户体验拍照，并到店亲身体验布拉格S，从而感受布拉格S带来的“镜享美时美刻”。

（四）运营推广

首先来了解一下运营推广的概念，引用百度百科的概念：对运营过程的计划、组织、实施和控制，是与产品生产和服务创造密切相关的各项管理工作的总称。从另一个角度来讲，运营管理也可以指为对生产和提供公司主要的产品和服务的系统进行设计、运行、评价和改进的管理工作。

细细思考下，笔者认为百科的解释太过笼统和复杂。其实，互联网APP运营推广无非是产品设计盈利模式，而运营去实践盈利模式。

运营的三个阶段：吸引用户、把用户留住、让用户掏钱。

运营三大核心目标：扩大用户群、寻找合适的盈利模式以增加收入、提高用户活跃度。

用户群体是任何一款APP产品产生盈利的必备条件。因此，在目前，很多采取APP免费下载的模式，首先圈住用户，然后再去实现盈利。

如果我们把运营的分工和种类进行细分，运营可以分为：

（1）基础运营：维护产品正常运作的最日常最普通的工作。

（2）用户运营：负责用户的维护，扩大用户数量提升用户活跃度。对于部分核心用户的沟通和运营，有利于通过他们进行活动的预热推广，也可从他们那得到第一手的调研数据和用户反馈。

（3）内容运营：对产品的内容进行指导、推荐、整合和推广。给活动运营等其他同事提供素材等。

（4）活动运营：针对需求和目标策划活动，通过数据分析来监控活动效果，适当调整活动，从而达到提升KPI，实现对产品的推广运营作用。

（5）渠道运营：通过商务合作、产品合作、渠道合作等方式，对产品进行推广输出。通过市场活动、媒介推广、社会化媒体营销等方式对产品进行推广传播。

四、客户体验实例

（一）Zipcar 的经验

Zipcar 创建于 2000 年，是美国最大的汽车租赁公司。在这样的公司，人们可以按小时租车，大多数是为了在当地办一些事，这样他们就不必自己去买一辆车，大部分时间却闲置不用。汽车租赁服务发源于欧洲，这种模式刚刚被引入美国时，人们嫌它太麻烦，对它并没什么好感，只有坚定的环保主义者才会买它的账。但是，通过重新构想客户体验的全过程，Zipcar 将汽车租赁发展成一项主流业务，同时还为环保做出了贡献。

对于 Zipcar 来说，潜在客户和现有客户的体验都从网站开始。人们可以上网了解租赁服务，注册成为会员，寻找并预定附近的汽车，然后从账户中付款。Zipcar 会把客户服务的方方面面都考虑周到，包括从车队中选择哪些汽车，客户如何确定在某一时段自己要用的是哪辆车；处理加油站停车以及汽车和乘客的保险；停车场所处的位置与车队管理。（我们将在以后的文章中详细介绍 Zipcar 的成功经历，因为这段经历相当精彩。）Zipcar 几乎把所有可能的客户问题、困难和需求都事先想好，并一一采取措施应对，从而为客户创建了流畅的体验。从客户的角度来看，这一切似乎不费吹灰之力。但这些都不是出于偶然，而是精心设计的结果。生活中的许多事都是这样，要想让某件事看起来轻松简单，实际上是非常难的。

Zipcar 是目前美国最大最成功的分时租赁互联网汽车共享平台。该平台由罗宾·蔡斯（Robin Chase）与安特耶·丹尼尔斯（Antje Danielson）于 2000 年共同创办。Zipcar 主要以“汽车共享”为理念，其汽车停放在居民集中地区，会员可以通过网站、电话和应用软件搜寻需要的车辆，选择就近预约取车和还车，车辆的开启和锁停完全通过一张会员卡完成，价格大约为每小时 10 美元。

Zipcar 于 2011 年上市，IPO 中成功募集 1.743 亿美元，高于之前目标的 31%；首发当日的发行价为 18 美元，售出 970 万股，估值高达 11 亿美元。

蔡斯在接受腾讯财经采访时表示，Zipcar 之所以取得如此的成就，关键之处在于三点：首先，当时已经出现个人愿意分享汽车，而不是拥有汽车的情形；其次，科技进步让预约变得非常容易，以前传统的租车服务并不能实现按小时计费的服务；再次，Zipcar 在处理客户关系时，将客户关系看做伙伴关系，区别于传统的租车公司。

“当这些事情发生在 2000 年时是非常惊人的”，蔡斯称，公司员工和外部人员的界限，资产是你拥有的还是你分享的，工作时间还是娱乐时间，这些界限变得越来越模糊。

由于创始人意见不合，丹尼尔斯在公司创立不久就告别Zipcar。丹尼尔斯一直保留着Zipcar的股份一直到2013年汽车租赁巨头Aivs收购了整个公司。同时，Zipcar也完成退市。“我开创公司时有50%的股份”丹尼尔斯在接受媒体采访时称。但是经过多轮的注资之后，她最终的股份只有1.3%，即收购价格4.9亿中的630万美元左右。

在丹尼尔斯离开3年之后，蔡斯也“被迫失意出走”。她当时给出的理由是家庭原因，但是公司内部的说法是，她是被驱逐出局的。

这是否意味着Zipcar颠覆革命是失败的？蔡斯表示否认。“Zipcar作为初创企业需要融很多的钱，但是你寻找资本的时候，投资人就会问，我的退出方式是什么。”蔡斯称，无外乎上市和被收购两种。

蔡斯称，Zipcar先上市，后又被收购，所以说我其实是百分之百履行了对投资人的承诺。“从我们拿投资人钱的第一天开始，上市或者被收购都是注定要发生的事情。”

在公司不断发展壮大的过程中，针对创始人股权被稀释或失去控制权而离开公司，“被知名投资机构青睐并不是取得成功的关键因素，创业最令人兴奋的地方应该是不需要他人的帮助而创造一个伟大的企业。”蔡斯认为，核心问题是创业者是否真的需要投资人的钱。

蔡斯建议，如果条件允许，创始人应该把引入外部资金的时间节点越推后越好。“如果没有足够的资金，竞争对手又发展过快的话，你就必须从投资人那里融资，但股份也会被稀释。这就是现实。”

“现在创建一家公司的成本，和我创业时候相比已经低了很多。”蔡斯对目前的创业环境保持乐观：如今有很多科技辅助手段来降低创业成本。

目前，中国的汽车共享市场主要以滴滴和Uber等汽车共享平台为主，虽然前期也曾出现过像“一点租车”和“一嗨快车”这样类似于Zipcar模式的租车平台，但直至目前仍未成气候。

“Uber和Zipcar是完全不同的两种汽车共享模式。”蔡斯认为，Uber或Lyft基本相当于出租车，当你需要时便可以由别人将你送到目的地；但Zipcar模式则是自己租车自己驾驶。“你永远都不会将Zipcar停在一个收费昂贵的停车场，同时你永远也不会把Uber用于周末远郊出行的首选。”

蔡斯称，Uber模式和Zipcar模式在中国的发展取决于城市的不同，不同场景下适用不同模式：如果是北京这样的大城市，基本找不到停车位，可能更适合发展Uber模式；而对于那些中小规模的城市，两三个小时就能穿城，又有很多停车位，人们则会更倾向于 Zipcar 模式。

蔡斯介绍说，目前兴起一种新的汽车共享平台—— BlaBlaCar，该平台主要提供城市间的出行服务，车主通过出售车内的空余座位从而分担出行成本，类似于中国的拼车业务。数据统计，BlaBlaCar 每月的用户量大约为 400 万。

“不管是哪种共享方式，都是对现有资产进行有效的利用”，蔡斯称，私家车的利用率只有 5%，Zipcar 的利用率可以达到 60%；私家车平常总是闲置着，有了 Uber 之后还可以接送别人；长途旅行中可能车内有空位，现在坐满了，对于车主和乘客来说都降低了出行费用。“作为创业者，需要去发现这种过剩的产能。”

Uber 的轻资产平台未来是否挤压 Zipcar 的市场份额？蔡斯持否定态度。“Uber 要给司机付钱，Zipcar 模式中我自己就是司机。”蔡斯称，如果几个小时的路程，用 Uber 就会很昂贵，因为你需要支付人工费；而 Zipcar 就相对较便宜。

对于中国共享经济的未来，蔡斯指出，所有人都喜欢便宜、便捷和优质的服务，中国人也不例外。

从最普通的标准来衡量，Zipcar 以 5 亿美元向美国汽车租赁公司 Avis 出售其业务似乎意味着它在其企业发展过程中达到了新的高度。但事实远非如此，尽管 Avis 提出的收购价格较 Zipcar 在 2012 年 12 月 31 日休市时的股价溢价近 50%，但其股价不但远低于它在 2012 年一整年内的最高股价，且仅为投资者在 2011 年 4 月 Zipcar 刚上市时买入其股票的每股价格（30 美元）的一半都不到。2012 年其市值就蒸发了 39%。

但无可否认的是，我们目前生活在一个由 Zipcar 理念主导的世界当中——我们经常会想到“共享”几个小时的汽车，或者通过 Airbnb 来租赁位于巴黎的公寓，又或者是共享运动器材、宠物和重型的建筑装备。各种技术的发展使得共享模式成为可能，但这实际上是 Zipcar 的创始人在 2000 年的构想，他们将共享的服务整合成一个无缝的体验。

Zipcar 的 CEO Scott Griffith 在 2012 年 11 月所发表的观点正反映了上述情况，他当时称，Zipcar 是一家具有“商业模式的企业”。这种“从租赁模式发展而来的共享模式经济”的潜力才刚刚开始得到全面的释放，它也才刚开始发挥其效应。但正如 Zipcar 所显现的那样，创新也受到一些条件的限制，主要是资本、规模和市场营销等方面。

Zipcar 处于巨额亏损的状态，它一直投入资源进行全球性的扩张，但它从未转亏为盈：自 2007 年以来，它亏损了约 5 500 万美元。同时，租车巨头赫兹公司进军该市场也导致了 Zipcar 需要花费更多的成本来进行扩张。

奇怪的是，Zipcar 在技术和顾客体验方面的表现近乎完美。但问题是它无法找到一个高效益的方法来吸引更多的顾客。比方说在过去三年间，Zipcar 的会员不断地增加，但其增长速度却在下滑。想要使用 Zipcar 的用户不够多，尽管据其 CEO Scott Griffith 估算，Zipcar 所面向的是一个规模为 100 亿美元的市场。

从本质上说，难题在于如何向消费者进行营销。

Zipcar 的问题是它确实不具备资源来试水这一规模为 100 亿美元的市场，截至 2012 年 9 月，该公司的库存现金为 6 500 万美元。此前它已经筹借了 9 700万美元。扩张欧洲市场目标很难实现，但该市场确实存在发展潜力，这一市场扩张计划将需要该公司投入更多资源。

于是 Zipcar 卖给了 Avis Budget Group，后者的名称听上去似乎指的就是那些沉闷的、资金实力雄厚的有力竞争者。Scott Griffith 在 2012 年 11 月曾这样形容这类企业：

“它们是大型企业，因此它们的确拥有巨大的资产购买力，这些企业多年来一直依靠这种能力来壮大其队伍。因此它们当然能以比我们更低的价格来购买和销售汽车。”

罕见的是，此次并购的新闻发布会上所发表的官方措辞反映了真实的情况。

Avis Budget Group 的 CEO Ronald L. Nelson 称：“我们期待能将 Avis Budget Group 在车队管理方面的经验和效率以及 Zipcar 所拥有的那些经过市场考验的、用户友好型的技术结合起来，以进一步推动 Zipcar 品牌的增长。”

的确，这段话似乎更贴近实情，Zipcar 确实具有一个伟大的理念，但它并不是一家成功的上市公司。有些时候，微小而珍贵之物放在更大的平台确实会更好，尽管这些平台可能并不是最理想的。

一家“商业模式的企业”和一家纯粹追逐利润的传统企业的确有着根本的差别。

（二）Janine Popick 的经验

今天“客户体验”这个词已经在媒体和企业中间泛滥了。客户体验其实就是一个消费者如何和一个具体的公司或者品牌进行互动，包括线上和线下。

Janine Popick 是美国一家邮件营销公司 Vertical Response 公司的创始人和 CEO，这家公司已经被 Deluxe 收购。当时，她正为一个全面的客户体验的想法感到亢奋。Janine Popick 说他们的一些小东西，就如客户只需登录一次，就可以享受他们所有好的服务，为此他们做了艰苦的努力。而从中，Janine

Popick也注意到一些客户体验，哪怕是一点小的改变，对于参与型的客户世界里，也意味着很大不同，而最重要的是，这些让他们高兴。

你可能已经明白了很多，哪些举动能从和你做生意的人那里得到尊重。不知道你能否把这些整理出来？可能也很简单，Janine Popick提供了5个例子：

（1）你曾经去过一家饭店，在那里你能把你的包和衣服放在桌子下面的钩子上吗？

（2）你曾去过一家杂货店，这家店给你一个方便纸巾来擦掉你手上的细菌吗？

（3）你去过一家店，那里你不必为再次循环使用的包付费吗？

（4）你曾经访问过一家电子商务网站，那里你真的不必为了自助而到处点击？

（5）当你给他们打电话，他们仍会接电话的企业怎么样？

Janine Popick认为所有这些简单的策略，如果你奋力争取，会产生极好的客户体验。全面看看你的业务，确信你正在使其实现最好的端到端体验。每一小点都是有效的。

事实上，Janine Popick说的这些例子，都是在不经意中带给客户极大的意外惊喜，而这种小小的贴心，会让你赢得加倍的回报。

利用自己的一个伟大的想法来创建企业，并且运营它，没有什么比这个更让一个创业者感到兴奋的。不过在你开始在创业路上快速飞奔时，有5个要素是你必须要拥有的，无论是打算在高科技行业创业，还是在服务领域创业。

最近在美国直复营销领域创业成功，Janine Popick写出了他自己在创业路上的感悟和学习：

1. 资金

如果你想改变这个世界，那么你需要资金，否则，你走不了多远就会倒下。其实这是真实的企业运营。看看你每天开门运营后面的数字，多少的进进出出，你就知道这其中的重要。

如果你没有那么幸运，一开始就遇到风险投资，那你就要抓紧时间，不停地去兜售你的想法，直到你找到有人愿意投资你。Janine Popick开始起步时只是用了自己的存款、几张信用卡以及从亲戚朋友那借的钱，但他给自己设立了目标，要遇到哪些VC，得到更多的钱。Janine Popick深刻体会到创业融资并不有趣，但是没有融资，自己就会成为烤面包。

2. 同事

在创业初期，你可能会在公司里做每一件事。但是在某一时刻，你需要招入一些人在你不擅长的领域帮助你，并且能告诉你这个主意是不错，还是不好。

以下几种人，是你创业中需要全职的，或者可以随叫随到的那种。

·技术大拿

一种是你一想到软件、APP、IT或其他高科技领域，某人就是个人物，当你的网站在凌晨3点宕机时，你可以依靠他。许多公司在刚开始创业的时候，依靠有这样技能，且随叫随到的人。

·资深的财会人士

没有人创业是为了看着企业破产。所以需要有一个人了解现金流的进出、报税流程等那些数字、小数点的内容。Janine Popick在开始创业时，是每月聘请人帮他打理财务，直到企业逐渐壮大，需要一个人每天关注钱在企业中的流转。

·一个重量级的销售和市场精英

如果你没有找到一个人了解如何把你的产品或者服务带入到市场并且销售一空的话，你在这个创业旅程上，不会走太远。如果你在此方面不擅长，那么找个人专注做，这个人全职远胜过兼职。

·你所遇到的最好的智囊团

当然，你雇不起这样的智囊团，但这却是非常重要的。找到其他一些创业者，你可以从他们那里找到想法，得到反馈，和他们头脑风暴，也可以引荐你认识更多的人。如果有什么区别的话，就是有时候和这些知道你的来龙去脉的人一起吹牛，会给你带来惊人的收获。

3. 客户

如果你创业，你一定已经有了客户。但是你如何避免自满，并且吸引新客户进来呢？Janine Popick在开始他的创业时，定睛于提供电子邮件工具给一些小企业。但是随着时间的迁移，他们提供更多的工具，比如社交媒体、活动营销、在线调查和明信片等吸引客户，因为这些客户不只需要电子邮件营销。

Janine Popick认为你可以识别客户需要什么，并且通过技术的一点帮助来明白。发一个在线调查，了解他们想要什么。也许是一个你可以提供的满足他们需要的补充产品或者服务。电子邮件营销和社会化媒体对新老客户是极好的，并且可以带给他们独有的提升和满足。而基于地理信息的APP可以把你推到这个区域的新客户面前。

4. 竞争

对于竞争、他们的优势和劣势（当然这个会随时间变化），你不要找行家也知道这个的重要性。你的竞争使你随时保持警觉，并站在风口浪尖上，它也能帮助你想出如何更好地运营和推广你的企业的好方法。

Janine Popick 建议你需要知道以下事情：

- 你的竞争对手在哪些领域占有领先地位？
- 他们如何定位他们自己？
- 他们有哪些可用的资金和资源？他们在成长吗？
- 他们的产品和服务相对你的而言，质量如何？
- 他们有哪些缺点你可以在你的业务中完善？

Janine Popick 建议追踪竞争对手可以用他们的名字设立一个 Google Alert，这样他们每分钟的网上提名你都会收到邮件。你也可以使用免费的在线工具如 Tweet Deck，追踪他们公司的名字，这样你能了解人们在聊与他们有关的什么话题。另一个把戏就是不时地扮演“客户”角色，从他们的角度观察，并且思考为什么他们会使用一个产品或者服务而非另一个。

5. 圈子

每个人都会谈到如何运营一个圈子，但是你如何开始？Janine Popick 提出了一些建议，但是指出运营一个圈子需要时间，不要指望一夜就家喻户晓。

- 圈一块“地”

你需要一块“地”，大家可以在此交流，就像旧时，人们在城市广场聚集一样。它可以是你的 Facebook 页，也可以是一个博客，或者各种“集合点”的组合。

- 主动接触他们

如果你不开始第一步、第二步……第五步……别指望他们主动加入你。表达你的感谢、保持接触、请求反馈、倾听，在那里使用各种技术和工具，现在做这个比以前更容易。

- 让他们感觉超好

运用关系、给好处，握住他们的手，留意听。你的客户从不会犹豫夸耀他们在你这里得到的特别礼遇。他们会不断回来。

- 建立个人性关系

亲自了解你的客户。即便在电子时代，没有什么比得上一对一地交互。无论是组织一场本地的会议，还是一对一地通过电子邮件或者社交网络交流，这些都会使你从一个无个性的品牌海洋中脱颖而出。

也许你在创业的过程中，还有其他一些你认为不能缺少的，或者是成功的关键因素，希望你也分享出来。我们喜欢汇集一个创业者的圈子，让更多的人可以从同路人的身上获得经验、鼓励和支持。

美国专注客户电子邮件营销的公司——VerticalResponse，它的创始人和CEO——Janine Popick 结合自己 20 多年的销售经验提出，任何想销售东西给别人的人，无论对方是什么职务，都有 3 个必须的问题要问，这些问题是关于客户预期的。

1. 你做什么业务？

知道你的潜在客户做什么，以及他们的需要是什么，会让你更好地匹配自己的方案。比如旅馆比软件公司更加挑剔，因为旅馆的预算不像软件公司那么大。受过教育的潜在客户会提出更加周期性的需求。为了让你结束单子，政府的客户可以让你百依百顺。不要用一个方式对待所有人，需要单独给每个潜在客户讲故事。

2. 你现在正在使用像我们一样的产品和服务吗？你喜欢还是不喜欢它？

这个问题会给你一些洞察力，就是这个潜在客户是否知道你在销售的东西。如果他们之前没有购买过像你推销的产品，那他们真的不知道你是做什么的，以及他们为什么需要你。这样的话，也许你对他们的销售在介绍上应该更多是对你所在行业的介绍，而非你的产品有什么特别之处。接下来才是你的业务能解决他们什么问题。

3. 什么时候你会期待一个变化或者购买这个产品？

这个问题将告诉你他们的动机是什么？可能是他们老板要他们更多地了解，也可能是如果他们现在不花钱的话，他们的预算就没了。或者也许他们已经厌倦了对问题提出解决方案，你的产品可以节约他们的时间、努力和金钱。Janine Popick 认为这几个问题有助于你清楚潜在客户的情况，可以帮助你总是走在正确的道路上，就是可以搞定这笔单子。

第五章　增强现实与互联网营销实例

一、基于增强现实的农产品互联网营销

增强现实，也就是AR技术（Augmented Reality），是一种将虚拟物体（技术）、云存储数据、终端与现实场景进行融合互动的技术。与传统的虚拟技术所要实现的效果与形式不同，增强现实技术综合了捕捉动态、识别图形图像等方面，致力将现实世界的场景与计算机后台设定的信息相结合，将数字信息、三维虚拟模型精确地累加表现于实景的创新人机交互技术。这类技术当下已在教育娱乐、产品营销、国防培训、城市模型规划等领域初显效果，代表着人机的全新发展趋势，更增强了使用者对于真实世界的理解，同时这也被美国时代周刊誉为目前最具前景与活力的技术之一。

AR技术在品牌与营销传播领域中，诸如平面设计、会展、营销、出版、娱乐、网络互动营销等领域发挥着越来越重要的作用。在未来几年内，它将会以一种全新的品牌沟通体验和神奇的互动传播感受，超越传统的广告方式，为客户带来可观的广告、品牌传播和互动体验营销市场。据投资银行Digi-Capital预测，2020年之前AR和VR市场的规模将达到1 500亿美元，其中AR可能占到80%，也就是1 200亿美元，而VR只占剩下的20%。AR市场潜力巨大，前景颇具价值。

增强现实有三个特性：虚实融合、实时交互、三维注册。虚实融合是指虚拟世界的对象与真实物体的融合，即在同一时间和地点，用户既可以看到真实的物体，也可以看到虚拟的对象，虚实相互结合，使用户分不清真假。并且，系统将真实的世界与虚拟世界实时结合，根据用户的当前状态，实时调用系统的与真实世界相关的虚拟世界，并将其叠加在用户面前。增强现实中的实时交互是指用户做出操作后，系统可以立刻将反馈信息传递给用户，使用户顺畅地体验增强现实系统。在一些AR系统中，摄像机的位置很可能不是固定的，图像系统生成的虚拟信息就需要实时与真实场景进行融合。良好的实时性是系统给用户良好体验的保证。三维注册使虚拟对象在融合的场景中具有真实世界的位置感和存在感，这有赖于系统准确定位融合场景中的虚拟信息和物体，图形图像系统创建逼真的几何模型，各种传感器检测真实世界的信息，是实现这种

要求的前提。这个工作需要庞大的数据量，来建立逼真的模型，传感器获取数据的精度保证了几何模型的精度与逼真效果。AR 系统为了保证良好的用户体验，视频必须时刻保持在用户可以观看的范围内，人机交互过程中的从硬件设备或一些特殊传感设备获取的数据和用户的相关操作必须实时地得到接收并处理。

AR 系统中的虚拟信息可以是一个完整的场景，也可以是场景中的某一个对象，它需要通过分析大量的场景信息和跟踪数据，来保证由计算机生成的虚拟物体可以精确地注册在真实场景中。一个典型的 AR 系统通常情况下是基于监视器显示方式来实现的。

2012 年，法国未来科技馆引进了一项新技术，这项技术可以使参与者与野生动物“零距离接触”，这就是现今流行于营销新策略的增强现实技术。动物园里，可爱稀有的动物让人们忍不住想和他们互动一下，但是对于凶猛的动物，是人们可望而不可及的，尤其是一些野生动物。无论喂食还是抚摸都很难实现，这不能不说是一种遗憾，然而在法国未来科学馆，通过一套增强现实设备你就可以实现。即使是老虎、鲨鱼等猛兽，甚至是远古生物，都可以任由人们“爱抚”互动。随着科技的迅猛发展，面对众多新兴业务，传统的营销手法日渐乏力，这已经是一个不争的事实。而竞争手段与策略层出不穷，要想从众多竞争者中脱颖而出，老套的营销方法是不适用的，而当下，增强现实技术迅速蹿红，其在营销创新中不断被应用，并不断取得良好效益，这充分体现出了增强现实技术在营销创新中的巨大能量。

同时，增强现实技术在街头也掀起一轮风潮，在澳大利亚的推广活动中，诺基亚利用了 AR 虚拟现实技术和微软 kinect 的配合推出精彩的增强现实游戏，大街上，路人在显示屏上，可以大玩“愤怒的小鸟”，和游戏中的角色充分互动，并能体验到诺基亚 Lumia 设备的诸多亮点。然而，这一策略带来的效果格外令人激动，闹市区里人们争相体验，不但产品和品牌曝光率大增，深度互动令参与者对 Lumia 设备的印象极为深刻。看看他们的笑容，这种深度的体验式营销无疑将在整个营销环节中起到关键性作用。

增强现实的应用，解决了营销领域“参与难”和“互动难”的问题。通过这一技术，用户会主动沉浸到虚拟的环境中，感受到在真实世界中无法亲身经历的体验，增强现实代表的是一种潮流和趋势，品牌企业通过这种方式能够极大提升营销效果。

（一）AR 技术在农业中的应用

在农业领域中，AR 技术的应用还相对较少，大部分应用研究也是由虚拟现实技术与地理信息技术结合发展来的。2005 年，南澳大利亚大学的 Gary R. King 等人设计了一个名为 ARVino 的系统，包括移动电脑、三脚架、一把雨伞。该系统利用地理信息系统来准确地测量影响葡萄产量的温度、湿度、光照、地理位置等参数，将葡萄种植的 G1S 数据 AR 显示到移动电脑上。专家对三维可视化的数据进行系统分析，得出利用于葡萄生长的相关数据。2010 年，加拿大西安大略大学的 Vidal N. R. 设计了一个利用移动 AR 技术检测农田杂草的系统架构，综合考虑杂草品种及密度、对农田作物正常生长的影响、除草投入等因素，辅助提供除草策略。系统通过智能手机对杂草的拍摄图像，将图像上传至服务器，并进行互联网数据搜索及分析，确定杂草的品种、密度，给出除草建议和投入费用，综合分析各种因素，将除草经济代价降至最低。同年，西班牙的 Javier Santana - FerMndez 将增强现实技术应用在农业生产中，开发了一个拖拉机耕种辅助导航系统。驾驶员头戴 AR 设备，包括视频摄像机、电子罗盘、眼镜显示器；拖拉机顶部安装有 GPS 接收器，用于测定拖拉机地理位置；拖拉机前部安装有视频跟踪设备，用于跟踪视频中规划路径。驾驶员在驾驶过程中通过眼镜显示器可以看到当前田地和系统推荐的路径规划图，在无其他资料帮助下，可以顺利完成耕种工作。

虽然增强现实技术发展得较早，但是在农业中的应用发展比较缓慢，直到近年来随着计算机技术与移动硬件的迅速发展，增强现实在农业应用领域出现了突飞猛进的发展。如 2012 年，在北京举行的第七届草莓大会，来自北京农业信息研究中心的研究者利用 D′FusionAR 技术针对青少年设计了“我的农场种草莓”游戏，让青少年在娱乐中学习了草莓的知识，同时也展示了我国栽培的优质品种草莓，得到了观看者的一致好评。由此可见，增强现实技术在农业中的应用还涉及教育、娱乐、产品展示等方面的技术手段。

（二）增强现实技术在营销中的应用

在生活中，我们每天会看到成百上千的品牌信息，它们来自商品外包装、服饰图案、宣传单、广告牌以及电视和杂志，在这众多的品牌信息中，真正能够吸引受众注意力的少之又少，这就意味着企业、商家必须寻找新的能有效与消费者沟通的途径，这一途径就是 AR 增强现实技术。

2013 年，AR 增强现实应用于某手机发布会的邀请卡，用手机扫描卡片，会看到该产品的宣传视频，在当时看来这简直就是酷炫的“黑科技”。此外，让大家印象深刻的是哈根达斯发布的一款 AR 增强现实应用，这款应用利用增强现实技术让消费者与商品进行互动，让人耳目一新。打开应用后，用手机拍摄冰淇淋，就会召唤小提琴手演奏一段音乐。有了 AR 增强现实撑腰，哈根达斯充满了未来范和文艺感，而消费者也记住了这个高大上的冰淇淋厂商。之后，越来越多的AR产品出现在大众的生活中，增强现实技术被应用在了各种领域，也正在逐渐进入到我们的生活当中。

同样，增强现实技术亦可用于营销活动中。我们常说：“信息一过剩，注意力就不够用了。”在过去的15年里，我们注意力的时限（Attention Span）从2000年的12秒钟缩短到了2015年8.25秒钟。事实上美国全国生物科技信息中心的科学家们认为人类的注意力集中度甚至弱于到处游走的金鱼。在吸引“金鱼”的过程中，品牌总是不遗余力。如果说裸模、情色和心灵鸡汤是夹带私货的糖衣炮弹，那么内容营销和可视化营销就是完美伪装的麻醉标枪。文字内容的平均阅读时间是20秒，视频内容的平均观看时间是35秒，微信平台H5游戏的平均停留时间可能会更长。但是这些都不足以解决消费者注意力的问题。何况人们总是那么健忘和匆忙。来自Business2Community网站的调查结果显示，25%的青少年不记得自己朋友和家人的很多信息，39%的人每天都会丢失一些基本的记忆信息。同时，我们的注意力也会被影响中断。我们大概每个小时要查看30次邮件，每天打开和查看微信的次数超过20次，每周接听和拨打各种电话和语音超过了1 500次。而增强现实则有可能帮助品牌解决这个问题。它不是糖衣炮弹，不是麻醉标枪，而是催眠神器。更丰富的内容，更深入的互动，更直接的体验。增强现实不仅催生了新的内容形态，第一次让现实世界和网络世界完美结合，而且构建了新型的内容和互动平台，让品牌拥有催眠消费者的给力武器。零售行业是第一个认识到并有效使用这一武器的行业。埃森哲咨询公司在2014年《增强现实如何改进消费者体验并促进销售》（*Life on the digital edge*：*How augmented reality can enhance customer experience and drive growth*）的报告中，列举了零售行业增强现实营销的五种方式。

（1）信息查询。当消费者想要知道货架上的牛奶是否新鲜，只要用手边的电子设备扫一下包装盒，就可以看到产地和日期，甚至可以看到3D的牛奶生产过程。如果你需要在众多的货架上找到自己想要的东西，只需使用手机上的Google Project Tango应用，就可以通过3D地图找到。

（2）试用与试穿。Top shop、De Beers和Converse等品牌都在使用增强现实技术让消费者试穿和试用衣服、珠宝或者鞋子。Shiseido和Burberry进一步把增强现实应用到化妆品试用上。而对于宝马和沃尔沃等汽车品牌来说，增强现实也是新车介绍和虚拟试驾的好选择。

（3）试玩。装在盒子里的积木，放在货架上的玩具飞机，都可以通过增强现实应用试玩。

（4）挑选和购买。一号店的地铁虚拟店铺，扫描之后选择你喜欢的并且在线购买。

（5）售后。从奥迪汽车的使用手册到宜家板式家具的装配指南，这些增强现实应用更好地帮助消费者安装、使用甚至维修汽车和家具。增强现实可以帮助零售品牌为消费者选择商品，也可以帮助快递行业提升配送服务。美国物流公司 USPS 在尝试了把增强现实用作邮件营销之后，在 2015 年 5 月计划用增强现实技术改善业务流程。在邮包分类和仓储、配送等各个环节，USPS 希望用增强现实提升效率和配送速度。增强现实正在从营销的噱头变成提升消费者体验的新平台。在增强现实的世界里，品牌和产品宣传将慢慢减少，互动和服务将逐渐增多。增强现实不仅开启无屏幕时代，也在开启服务即内容的营销新时代。现在，每一个公司都是媒体公司，将来，每一个公司都是公共服务公司，这才是增强现实最深远的影响。我们无法想象的未来，才是未来应有的模样。

品牌经历比简单的品牌传播更有冲击力，如果一个品牌充满故事性，便更容易吸引消费者，也更容易被消费者记住，反过来也会增加购买该品牌的机会。AR 增强现实技术能让商品会“说话”，让消费者听见、看见、触摸一个故事。

企业一直在不断寻求创意的款式和图案吸引消费者。以服装行业为例，新颖的图案只能让衣服更好“看”，却很难激发出消费者的情绪，购买欲也没那么强烈。幻眼科技将 AR 技术和服装相结合，用户扫描衣服上的图案就可以观看独特、生动的品牌内容，让衣服充满情结感，自然也会激发消费者的购买欲望。

良好的品牌形象是企业在市场竞争中的有力武器，能够吸引消费者的注意，品牌形象主要包括两个内容：品牌功能性、品牌文化。有形的品牌功能很好把握，那么无形的品牌文化要如何塑造呢？增强现实技术就是提升企业品牌形象的加速器。

在这里，就要以某房地产企业举办的线下发布会为例，在这场发布会上，用户全程都可以通过幻眼增强现实平台参与。通过 AR 软件扫描发布会邀请函、宣传册、海报等，3D 卡通形象就出现在了手机上，用户可以与 3D 人物互动。除此之外，整场发布会的签到、合照和抽奖活动都在增强现实平台上进行，这样的互动使得发布会充满了趣味性，充分展示了品牌文化，对于强化品牌的知名度、提高营销效率有更直接的影响。

（三）增强现实技术与农产品营销

在 2015 年的百度世界大会上，百度就已试水 AR 营销，百度与乳业巨头伊利战略合作，尝试了基于 3D 视觉为核心的移动端增强现实（AR）技术，首次将增强现实技术在国内与农产品营销相结合。用户可通过手机扫描伊利牛奶包装盒，进而查看牛奶生产等信息、在线参观牧场、报名参加活动，这一营销内容上线一个月便实现了 3 亿的月曝光量，3 300 万用户参加活动、人均页面浏览量达到 7～13 个。并且，它们两者间的合作主要体现在三个方面：一是借助百度百科全景技术，帮助伊利实现全球产业链透明参观；二是以多模交互、3D 视觉为核心的移动端 AR 技术为消费者提供精致有趣的互动体验，比如说用户只需对伊利纯牛奶包装盒进行拍照，即可参观伊利全球产业链的各个环节；三是百度智能硬件融入伊利线下参观体验环节，利用诸如“智能眼镜”和“空气盒子”等智能硬件，帮助用户深度参观伊利的绿色产业链。这样一来，将有效增进乳制品的销量，从而带动农产品的收益。

然而，营销本质就是与消费者沟通，最终达到拉近心理距离、缩短决策路径、增强消费体验的效果。伊利增强现实的例子正是将消费者和生产环节拉近，尤其在农产品的加工生产领域，消费者鲜有能够感知与体验的机会，在增强现实技术的帮助下，消费者将对保障性农产品的消费更加直观、更加放心。

在过去，营销的进化正是源于技术的不断创新。例如，数字化技术被纳入营销领域后，过去品牌的泛广告模式转变得更重视“透过数据看成效”。而百度大客户部总经理曾华的看法是，数字营销将人工智能技术进入第三个阶段。第一阶段是 PC 互联网阶段，主要覆盖流量；第二阶段是移动互联网阶段，需要精准的大数据；第三阶段就是人工智能的场景技术，重点是场景捕捉、即时融入以及拟真体验。

PC 流量达到 60 亿，覆盖 90%以上的中国网民，这可以说明百度这个国内最大搜索引擎入口在数字营销前两个阶段的成就；在移动互联网阶段，百度旗下 14 款 APP 分别从位置地理、餐饮、旅游等细分领域提供精准的用户。在百度的布局规划中，人工智能阶段的策略将是“把 AI 和 AR 相结合”。在今年爆红的游戏 Pokemon Go 的应用场景中，玩家不像过去那样面对电脑或手机，而是根据地图引导来到现实中，线下店铺成为游戏中的“精灵站”。例如像广受年轻人喜欢的服装连锁品牌 H&M 也参与了进来；而据媒体报道，纽约的一家餐厅经理花了少量的钱，买了吸引精灵们的道具，得益于玩家的火爆，让餐厅营业额增加了 75%。

这款游戏最大“功劳”是成功地向大众普及了 AR 的概念，在虚拟与现实的叠加中，营销业界忽然发现，苦苦追求很久的线上与线下的融合因为这个游戏而看到了 AR 在其中起到的作用。

那么 AR 应用于包括农产品在内的商品营销将实现怎样的优化？百度的相

关领域学者概况为三个方面：

（1）强交互特性。可以使得搜索结果、现实物体与用户深入交互，比如农业生产领域，用 AR 展示农作物的生长、收获、加工等信息与消费者互动。

（2）虚实融合，实现之前不可能的场景。比如远程的农作物生长展示、环境情况展示、将田间农作物到餐桌的一系列过程虚拟化、体验化。

（3）新的信息获取方式。AR 是人与现实世界、信息交互的界面，改变人获取信息的方式。而 AR 技术的后端，则需要人工智能的支撑来让参与者感知真实世界。由于 AR 是虚拟与现实世界的叠加，因此让用户的搜索行为从过去的文字更多地转向实时的图片识别与语音识别，并且在相应速度上要快速——要知道，在 PC 搜索阶段，有人做过这样的实验，如果一个页面在几十秒内没有得到响应，大部分人会选择放弃。如果说 AR 对于营销的改变主要是在交互体验上，那么，要获得类似快速的响应，后台机理其实是机器通过深度学习后获得了一颗“智慧的大脑”。在百度的人工智能架构中，图片识别、语音识别、人脸识别、自然语言识别等与各个业务线条紧密结合，在各个实用的场景中获得及时的捕捉、融入以及交互。我们此前曾报道过百度机器人在肯德基餐厅里上岗，后端支撑它做出各种响应的，是人机更为灵活的语音交互。

在农产品之外，数字营销的其他领域，百度尝试过一个案例，即利用 NLP 语义识别技术从 3 400 万条网络评论中改善了全新帕萨特的座椅设计，这一案例从筛选到最终形成完整的改进方案——计算能力在其中起到了决定作用。

其实，互联网的发展这几年也在见证一个问题：与因特网的连接从有限的几类电子设备，变为更多类型的智能终端。早年，当 PC 实现与互联网广泛连接时，我们称其为互联网时代，而后，手机广泛联网了，移动互联网时代到来，下一阶段是万物连上因特网，人类进入物联网时代，这时，人工智能的作用会更为凸显。

除了农产品生产及加工环节的体验外，物流作为保障农产品新鲜及快速运达的重要环节，也可与增强现实技术相结合。而超市又是农产品销售的重要场所，因此下面我们将以一个超市为例进行介绍。

近日，中国电商 1 号店的举动正在告诉我们，虚拟界面也不局限于家中。该公司曾宣布，将成立全球第一个 AR 连锁超市。每一家超市将会有一块约 1.2 平方米的货架，设置在“空白”的公共区域（比如火车车站或地铁车站，公园或大学校园）。裸眼看去只是空荡荡的货架和墙壁，通过 AR 设备看到的则是完整的一个超市，货架上堆满了数字形式的真实商品。用户只需通过移动设备扫描商品，添加到网络购物车中，即可完成购买。AR 购物完成后，用户会在家中收到配送的商品。这个概念类似于韩国地铁站里基于二维码的乐天超市，但得到了 AR 技术的增强。

虽然 AR 在物流业中的使用仍处于相对早期阶段，但 AR 也能提供巨大的益处，例如 AR 可以让物流供应商随时随地快速获预期信息。这对于配送及优化配载等任务的精确规划和细致运作来说至关重要，同时也能为提供更高质量的客户服务打下坚实基础。报告将其他行业里我们所认为的最佳实践移植到物流中，由此为 AR 在物流业中的应用设想了一些用例。在这里拿出来阐述的用意更多的是借此展开讨论、眺望未来，而不是对未来 AR 在物流业中的发展做出精确预测。这些用例分为以下几类：

1. 仓库运作

仓库运作是 AR 在物流中最具应用前景的领域。这些运作大约占到物流总成本的 20%，而拣货任务占到仓库运作总成本的 55%到 65%。AR 可以由改进拣货流程入手，大幅降低运作成本。AR 还有助于培训仓库新员工及临时员工，并为仓库规划提供参考。

在物流中，最切实际的 AR 解决方案要数能够优化拣货流程的系统。发达国家里，绝大部分仓库仍采用纸质拣货（pick - by - paper）的做法。但任何基于纸质的做法都是低效、易错的。另外，拣货工作往往由临时工完成，这些人通常需要耗费成本进行培训，以确保他们能够高效拣货，不犯错误。Knapp、SAP 和 Ubimax 共同研发的视觉拣货系统目前处于最后的现场测试阶段，该系统包括头戴式显示器（HMD）之类的移动 AR 装置、相机、可穿戴 PC，以及续航至少为一班次时长的电池模块。其视觉拣货软件功能包括实时物体识别、条形码读取、室内导航以及与仓库管理系统（Warehouse Management System，简称 WMS）的无缝信息整合。视觉拣货带来的最大好处是，仓库工在人工拣货时无需腾出手来即可获得直观的数字信息支持。借助于这样的一套系统，每位仓库工都能在视野中看到数字拣货清单，还能受益于室内导航功能，看到最佳路径，通过有效路径规划减少移动耗时。该系统的图像识别软件能自动读取条形码以确认仓库工是否到达正确位置，并指引他在货架上快速定位待拣物品。接着，仓库工可以扫描该物品，将此流程同步登记到仓库管理系统中，实现实时的库存更新。另外，诸如此类的系统能够降低新员工的培训耗时，还能为文化水平有限的仓库工解决可能遇到的语言障碍问题。

这些 AR 系统的现场测试已经证明，它们为仓库运作的效率提升做出了巨大贡献。举例而言，持续的拣货验证功能可以减少 40%的错误。尽管如今的拣货错误率非常低，即使用的还是纸质拣货方法——专家估计错误率约为 0.35%——但每一个错误都必须避免，因为每一个错误都会带来高昂的连锁代价。

・拣货人员佩戴专为拣货流程开发的可穿戴 AR 设备

・该解决方案提供数字导航，有助于更加高效地找到正确路径和正确物品，同时降低培训时间

・主要目的：减少拣货错误，降低查找时间

2. 仓库规划

AR 很可能还会对仓库规划流程产生积极作用。如今的仓库不再只是存放和集散的节点；它们逐渐地肩负起越来越多的增值服务，从产品的组装到贴标签、重新打包，乃至产品维修。这意味着仓库必须重新设计以适应上述这些新服务的需求。可以用 AR 从全局角度直观地看到任何重新规划的效果，实现在现有的真实仓库环境中放置将来准备改动的可交互数字模型。管理者可以检查所规划的改动尺寸是否合适，并为新的工作流程建立模型。受益于此，未来的仓库实地可以用作仓库运作规划的试验场所。

・实现仓库运作流程的混合现实模拟

・改动可以叠加在真实环境中，从而做到"现场测试"，并因地适宜，调整所规划的尺寸

・主要目的：支持仓库的重新设计与规划，并降低成本

3. 运输优化

过去十年中，物流供应商对高新信息技术的运用极大地提高了货物运输的时效性、可靠性和安全性。在完整性检查、国际贸易、司机导航和货物配载等领域，AR 有着进一步优化货物运输的潜力。

AR 可以实现更加高效的分拣。佩戴 AR 设备的拣货员快速扫视一下配载，就能知道是否完整。目前，这项工作需要人工统计，或是用手持设备花大量时间逐个扫描条形码。未来，可穿戴 AR 设备利用扫描仪和 3D 景深传感器的组合，就能确定货盘或包裹的数量（通过扫描每个包裹上的特殊标识），或者确定包裹的体积（通过测量设备）。测量值与预定义值相比较，结果呈现在拣货员眼前——最好两者一致。此类 AR 系统还可以扫描物品，检测是否有损坏或错误。AR 设备能够登记一批货物是否完整、可供分拣。

・通过标识或先进的物体识别技术，捕捉货盘和包裹的数量、体积

・识别到无损包裹数量正确后，AR 自动确认、交付分拣

・主要目的：节省时间，完整性检查，损坏检测

4. 国际贸易

随着全球越来越多的地区经济开始腾飞，往来于新兴市场的运输量正在显著增长。这是物流供应商的巨大商机，但同时也增加了物流的复杂程度，原因

在于世界各地的贸易条例及要求之间存在着巨大差异。

AR也许能在这方面为全球贸易服务供应商们提供价值。在发货前，AR系统可以帮助检查货物是否符合相关的进出口条例，或者帮助检查贸易文件填写是否正确、完整。AR设备可以扫描文件或货物，搜寻关键词，自动给出修改建议或自动纠正商品编码分类。

在发货后，AR技术可以实时翻译贸易术语等贸易文件文本，从而大幅减少耽误在港口和储存上的时间。

· 为全球的贸易服务供应商提供AR支持

· AR设备可以检查（打印版）贸易文件并识别商品编码分类

· 实时翻译包裹标签或外国贸易术语

· 主要目的：加快贸易文件和国际货物的处理速度

5. 动态交通支持

很多严重依赖于实物商品畅通流转的经济流程往往受制于交通拥堵。据估计，交通拥堵每年让欧洲损失了约1%的国内生产总值（GDP），而且随着拥堵的愈发严重，人们愈发需要能提高正点率的解决方案。未来我们将看到，提供实时交通数据从而优化路线（或在货物运输过程中重新规划路线）的动态交通支持会越来越普遍地应用于物流业中。AR驾驶助手应用（无论是显示在眼镜上还是挡风玻璃上）能够实时地在司机视野中呈现信息。实际上，AR系统将会成为目前导航系统的继承者，其关键优势在于司机的视线不用离开道路。AR系统还能为司机显示车辆和货物的关键信息（如货物温度）。

· 在运输车辆中使用AR设备（眼镜或挡风玻璃投影）代替传统导航系统

· 分析实时交通数据，在司机视野中显示相关信息（如拥堵情况以及代替路线）

· 叠加显示周围、车辆及货箱的关键信息（如冷箱的温度）

· 主要目的：行驶过程中优化路线，改善驾驶安全，把让司机分心的因素降至最低

6. 货运配载

如今，空运、水运及陆运这些货运方式高度依赖于数字数据和规划软件，以达到优化配载规划和提高车辆利用率的目的。每件货物的内容、重量、大小、目的地及后续处理都属于系统的考虑因素。即便系统或许还存在进一步改进的空间，货运配载的瓶颈往往是配载流程本身。AR设备可助其一臂之力，它能够取代打印版的货物清单和配载说明。比如说在中转站里，配载员可以在AR设备上实时得知接下来该取哪个包裹，这个包裹应该放在车上的哪个位置。AR设备能够以箭头或在货车内部高亮显示适当目标区域的方式，为配载

员提供配载指引。这一信息要么由规划软件事先生成，要么依赖于特定物体识别技术的实时计算。后一种方法可以用风靡全球的电脑游戏《俄罗斯方块》来解释，在这个游戏中，玩家必须根据下一个随机物体的形状，将它放置在恰当位置，从而尽可能填充空间、避免间隙。与目前纸质清单不同的是，基于AR的货物清单还能支持各种实时操作——这在配载过程中时有发生。

· 使用AR设备优化货运配载

· 配载员从AR设备显示屏商直接接收规划及指示（接下来拿哪件包裹、将它放在哪里）

· 让打印版的配载清单变得无关紧要

· 主要目的：加快货运配载流程

7. 最后一千米配送

最后一千米是AR技术的另一个重要应用领域。人们对电子商务不断增长的依赖使得最后一千米配送服务呈爆炸式增长，这是供应链的最后一个环节，往往也是成本最高的一个环节。因此，在优化最后一千米配送以降低成本、提高利润这一领域中，AR设备的应用前景一片光明。

据估计，司机离开配送中心后有40%到60%的时间不在开车。这段时间，他们都在货箱里寻找接下来要配送的包裹。目前的物流行业中，司机想要找到包裹，只能靠自己对配载过程的深刻记忆。

未来在配送中心，每个司机通过AR设备看一下包裹，就会接收到该包裹的关键信息。该信息可包括运输商品的种类，每个包裹的重量、配送地址，是否易碎，是否需要正确摆放以避免损坏。接着，AR设备会实时计算每个包裹的空间需求，扫描车辆货箱寻找合适的空位，然后提示司机应该将包裹摆放在哪个位置，并记入规划路线中。在高效智能的包裹配载以及AR设备为司机高亮显示正确包裹的帮助下，查找流程将会方便快捷得多，极大地节省了每一次配送的时间。另外，AR还有助于减少包装损坏事件。目前包裹损坏的一个关键原因是，司机需要腾出手来关车门，只能将包裹放在地上或夹在胳膊里。有了AR设备，无需用手就能关上车门——司机可以通过语音或者眼球（头部）的动作发送命令。

· 员工借助于可穿戴AR设备完成包裹处理、配载及配送的流程

· 透过AR设备看，所有包裹上都叠加了关键信息（如内容，重量，目的地）及处理指示，而且包裹经过智能配载，装在车厢里

· 主要目的：改进处理流程，避免不当处理，确保配载优化

8. 最后一米导航

司机关上车门，手里拿着正确包裹，往往接下来会面临如何找到对应建筑

的难题。第一次配送到某个地址时尤其如此，因为会存在许多的复杂因素，比如门牌号或街道名牌被遮挡或遗失，入口隐藏在后院里，或者像很多发展中国家那样，街道和建筑没有根据规则命名。在这样的情况下，AR 可以起到极大的帮助；司机将 AR 设备指向某个建筑或建筑群，它会显示出谷歌（微博）街景之类的信息，或源自其他数据库的相关详情。如果在公共数据库中找不到可用信息，还可以使用 AR 设备根据入口位置或其他当地特征来放置标记，从而逐渐建立起一个独立的数据库。下一次再配送到这个地址时，AR 设备会访问之前收集的数据；同时渲染相应的虚拟信息图层。有些时候，最后一米配送需要用到室内导航。尽管 GPS 导航在户外非常好用，但建筑物往往会对 GPS 信号造成严重干扰。学习型 AR 设备在建筑物内部多个点位放置 LLA（经度、纬度、海拔）标记是一种可行的解决方案。

·AR 设备识别建筑物及入口，并提供室内导航，从而实现更快送达

·学习型 AR 系统能够添加用户生成内容（UGC），尤其是在公共数据库不可用时

·主要目的：高效的室内导航，减少寻找地址和送达包裹的时间，尤其是在首次配送至某地址时经 AR 验证安全的包裹交付。

让员工佩戴 AR 设备还能够改善安全性，提高客户接触的质量。在面部识别技术的帮助下，签收包裹的人无需出示任何身份证件即可被精确识别。AR 设备会拍照并自动与社保数据库进行比对。考虑到数据隐私问题，需要在得到签收人许可的前提下才能使用这种 AR 面部确认技术。普通的日常配送或许用不上这种服务，但在包裹价值不菲的时候，用户就会感受到更高安全级别的好处，因为它与易于伪造的身份证或收件人签名相比要可靠得多。

AR 增强现实技术还能应用在我们生活中的各个领域，为我们提供更多新玩法、新亮点。我们坚信，随着科技的不断发展，增强现实技术将不断创新、不断发展，逐渐应用于农产品的体验及推广中，造福于农业生产及营销等各个环节，在未来，全新的农业“视”界正随时等待着被开启。

二、基于智慧农业的增强现实未来趋势

（一）增强现实下的智慧农业

在国家现代农业政策的引导和支持下，国内各界对智慧农业进行了内涵丰富、特色鲜明的有益探索，然而至今尚未形成熟化水平较高、推广范围较大的示范模式。与此同时，大数据、“互联网＋”等新技术、新理念带来的机遇和挑战并存，新形势下智慧农业如何引领农业现代化发展的大潮成为当下亟需研

究的课题。

2009 年 1 月 9 日，IBM 全球副总裁在“2009 中国 IT 产品创新与技术趋势大会”上做了主题为“构建智慧的地球”的演讲，提出了智慧地球概念。智慧地球的核心思想是通过泛在物联、宽带互通和智能决策实现以人为本的智慧生活，以此为蓝本，探索、演化形成了智慧城市、智慧农业、智慧制造、智慧医疗等概念领域。早在 20 世纪 80 年代，国内就开始对计算机、自动化技术在农业工程领域的应用进行了科研探索，并涌现出农业专家系统、新型农机农艺、3S 技术、农业物联网、智能追溯等先进系统装备技术，对国内农业自动化、精细化、智能化发展发挥了重要推动作用，是国内智慧农业研究应用的雏形。然而迄今为止，在国内外对智慧农业尚未形成统一的概念共识，笔者认为：智慧农业是综合运用物联网、云计算、大数据等先进技术，以透彻感知、高效传输、智慧决策为主要特征，以实现绿色、可持续、安全生产，提升市场化水平和产业竞争力为目的的农业新理念、新模式、新业态。

Kip Tom 是美国某农场的第七代家庭农场主，他的农场种植的主要农作物是玉米和大豆，他同时也在进行玉米育种和数据处理方面的工作。“我正在琢磨信息与生产力之间的关系，”他坐在自己的办公室里，一边说着，一边在电脑屏幕上填写着什么，同时还在布满图表的白板上为自己农场中的计算机网络进行规划。Tom 今年将近 60 岁，他扮演着农场主和首席技术官的双重身份。“我的曾曾祖父在农场中赶着一头驴干活，我们却有了各种传感器、来自卫星的 GPS 数据、在自动驾驶的拖拉机上配备的蜂窝式调制解调器以及通过 iPhone 应用进行的灌溉作业”，他说道。

小型家庭农场衰亡的趋势已经持续多年。但是，现代技术为 Tom 这样的农场主提供了生机，让那些依靠土地为生的人们重见希望。这些技术有望帮助他们与农业巨头展开竞争。

一些人从中获益，而另一些人却由此遭受损失。这些应该归功（或归罪）于硅谷，他们的发明让一些用于完成工作的陈旧方式面临淘汰。在采用了最新技术之后，Tom 的农场不断扩张，从 20 世纪 70 年代的 283 公顷，变成了今天的 8 094 公顷。但是，这是通过对邻近农场进行吞并带来的结果。

此外，在技术方面的投入也超过了很多小农场主的承受能力。像美国强鹿（John Deere）及 AGCO 这样的农机装备制造商正在为他们的播种机、拖拉机和收割机具配备各种传感器、计算机以及通信装备。一个用于收割少数几种作物的农机在 2000 年的售价可能在 6.5 万美元左右，如今，在添加了各种信息技术之后，其售价增加到了 50 万美元。

“在颇具规模的农场里，我们看到生产力有了大幅提升，”农业部经济学家戴维·舒墨佛尼格（David Schimmelpfennig）说道。“并非由于那些小规模农场不能提升自己的生产力，而在于他们无法负担提升技术装备的投资。”在尽可能大的范围内种植单一作物能够最大限度利用自己在技术方面的投资，而那些多样化种植农作物和养殖牲畜的农场主需要多种不同系统才能满足自己的需求。在没有技术辅助的情况下，小型农场主同样能够只种植单一作物，但是他们无法从规模经济中获益。

加州大学主导政策与技术方面研究工作的机构——伯克利食品研究所（Berkeley Food Institute）执行董事安·斯拉普（Ann Thrupp）表示，在科技的推动下，农场主更倾向于种植易于生长和销售的作物，而这些作物也更易于通过仪器进行监测。他们不再同时种植多种作物——这是以前人们用来抵御灾害天气和病虫害影响的策略。上述情形让人隐约有些担心，但是技术的发展同样有望让农业种植变得更加简单易行。像 Tom 的农场一样，其他采用技术手段的农场也同样具有良好发展势头。

在德州格兰德谷一处大规模家庭农场里，布瑞恩·布莱斯威尔（Brian Braswell）正在利用卫星连接的拖拉机犁地，沟与沟之间的间距精度可达 1 英寸。他对土地进行了电荷测定，随后便通过计算机控制的设备进行剂量精确的施肥作业。他同时也利用无人机进行灌溉预测。“通过在无人机上配备红外摄像机，我可以很容易看到哪些区域的作物需要灌溉，”他说道。当然，他也很担心美国航空管理局（Federal Aviation Administration，FAA）对无人机使用方面所施加的管制。

在位于爱荷华州康拉德一处面积 2 428 公顷的农场里，布伦特·席帕（Brent Schipper）正在从他的联合收割机里获取数据读数，这些读数以每 3 秒为周期进行更新。在风暴季，他每隔 30 分钟就通过智能手机的天气应用查看最新气象数据。过去，在完成收割作业后，他和其他农场主通常会在冬季休息，同时对农机进行维护；而现在，他们打算利用这段时间给自己的装备配备更多的传感器，并且仔细分析上一季的数据，力图在下一季取得更好的成绩。

在位于艾姆斯的爱荷华州立大学里，大学教授唐立（音译）希望来年春季可以对他的除草机器人进行现场试验。该机器人有望通过红外数据帮助识别和铲除杂草。

在过去，“拥有 405 公顷土地的农场主能够过上不错的日子，”Tom 说道。“但是，我不知道这样的日子还能持续多久。”

Tom 的农场拥有转基因作物以及基于云端的系统，很可能在不久的将来配备无人机，Tom 先生可能暂时还没有使用低轨卫星激光技术的打算。所有这些装备都将自己收集到的数据传回云计算系统以供分析，该系统是 Tom 农场从孟山都以及其他公司那里租借使用的。“有些农场主仍旧认为技术意味着实际的事物，比如更强的马力或者更多的肥料，”Tom 先生说道。“他们没有意识到，今天的技术是指对信息的加工利用。”过去数年，农作物价格下跌接近 5 成，“而我的增长来自于其他没有采用技术手段的农场主让出的市场空间。”通过一台自动驾驶的美国强鹿联合收割机，Tom 农场的员工厄尼·伯布利克（Ernie Burbrink）正通过他的 iPad 实时将单位面积作物的湿度、毛收获量以及净收获量数据进行处理，随后将其中的重要数据通过无线调制解调器传送到服务器，以便对来年的种植情况进行分析。“过去，如果你对手工活很在行，你肯定能成为一个好的农夫，”伯布利克先生说道。“现在，你需要懂得屏幕导航操作，还需要将数据准确归位，这样人们才能够进行规划和预测。你同时还需要与其他人配合：种子顾问、农业经济师以及提供装备的人。”伯布利克今年 34 岁，他离开了自己的家庭农场。“我只是想为基普先生工作，他在技术方面可能领先我父亲 5 年时间。我需要拥有比我们家目前面积更大的土地才能负担得起在技术方面的投资，”伯布利克说道，他拥有普杜大学农业经济学学位。

Tom 农场目前拥有 25 名员工，包括 6 名家庭成员，农忙时节可能拥有最多 600 名临时员工。“如果遇到好的年景，像这种规模的农场可能产生超过 5 千万美元的收入，”Tom 说道。他不愿透露利润率，但是他指出，与很多行业相比，农业的利润率偏低。

在 20 世纪 80 年代的农业危机中，他为获得利率高达 21%的贷款四处乞求，当时的情形仍然历历在目。他将自己的农场能够存活下来进而得以发展的原因归功于对技术的应用，并且表示，这就是他在玉米价格仅仅为每蒲式耳 4 美元时仍然有利可图的原因。该价格相比 2 年前有近 5 成的跌幅。

回望过去的一年，他表示，得益于更好地对数据进行分析，他将自己的年投资回报率从之前的 14%提高到了 21.2%。而对于其他技术的利用，比如不同灌溉率以及自动化农机方面，则为他贡献了另外 4%的回报。

许多像 Tom 一样的农场主都对拥有他们数据的大公司心怀戒心。Tom 与孟山都这类大型企业共享了部分信息，但是他对公司在数据保存方面的政策仍然格外谨慎。他也对计算技术如何影响农场的未来忧心忡忡，他希望将农场留给自己的孩子们。“我们和其他农场主可以实时汇集自己的产量数据，”他表示。“你认为大公司会在处理这些数据方面坚守自己的底线吗？你只好期望他们会。农场主并不会信任他们。而且，我们彼此独立，我们互为竞争对手。”

卡珊德拉·罗兰（Kassandra Rowland）是 Tom 五个孩子中的一个，她负责人事以及与其他农场或公司合作方面的事务，同时也负责管理维护农场在

Twitter、Facebook、Instagram以及Pinterest上的账号。她有一个9岁的女儿，正在本地上小学，同时加入了机器人俱乐部。“这是另一个巨大的改变，”Tom 84岁的母亲Marie E. Tom说道。“我们的女儿们参加农场会议，她们畅所欲言，她们也受到人们的尊重。在以前，事情不是这样。当时，农场的一切事务都在田间地头进行。”

Tom的父亲在87岁高龄时仍然在照料牲畜。“许多人没有将农场当做一门生意来打理，”Tom太太说道。“当我们结婚时，我告诉我的丈夫，‘你去城里时不要搞得很邋遢的样子，免得被他们瞧不起。’而现在，我们是在经营，如果你不努力跟上，就会落后。”

（二）我国的智慧农业

1. 智慧生产

智慧生产包括面向种植、养殖生产作业环节，构建的可改进农业生产工艺的系统平台等，其典型方面包括：采用物联网技术，构建集环境生理监控、作物模型分析和精准调节为一体的农业生产自动化系统；在食品安全领域，农产品溯源系统可将农产品生产、加工、销售等过程的各种相关信息进行记录并存储，并能通过食品识别号在网络上对农产品进行查询认证，追溯全程信息；此外，在一些农垦垦区、现代农业产业园、大型农场等单位，也应用有农业测土配方、茬口作业计划、农场资产管理和财务管理的生产作业计划系统。

2. 智慧经营

随着电子商务的兴起，一些地区特色品牌农产品开始在主流电商平台开辟专区，用于拓展农产品销售渠道，有条件的地方还通过自营基地、自建网站、自主配送的方式打造一体化农产品经营体系，促进了农产品市场化营销和品牌化运营。此外，近年来，各地兴起农业休闲旅游、农家乐热潮，旨在通过网站、线下宣传等渠道推广、销售休闲旅游产品，并为旅客提供个性化旅游服务，成为农民增收的新途径，为农业产业创新带来了新暖流。

3. 智慧服务

在黑龙江等地区，试点应用了基于北斗的农机调度服务系统，部分地区利用农村信息综合服务站、新型农业科技超市等各种实体，为农民带去了科技知识、惠农政策等，面向“三农”的信息普遍服务主要引导农业产业化龙头企业、基层农业合作组织和农户走向市场，让农户、让基层组织经营好自己的农业生产系统与营销活动。另外，向农户传播先进的农业科学技术知识与生产管理信息，提供农业科技咨询服务，提高农业生产管理决策能力，节本增效，提高收入。一些地区通过室外大屏幕、手机终端等形式向农户提供气象、灾害预警和公共社会信息服务。

（三）我国的智慧农业的建设模式

农业在国民经济中角色特殊，市场化程度相对较低，目前在智慧农业领域，主要的建设运营模式有：政府出资、企业建设、农民受益的公共服务集中采购模式；政府＋运营商合资，农民自愿交租接受服务的共同投资租赁服务模式；社会资本建设、市场化运营的纯市场化模式；农民出资、国家补贴、农民享有使用权的自主投资模式。不同的建设运营模式适合不同的项目，比如对于农业公共服务平台建设项目，一次性投入较大，服务受众范围广且相对分散的，宜采用公共服务集中采购的模式。

（四）我国智慧农业存在的问题

1. 缺乏顶层规划引导

智慧农业乃至农业信息化领域，尚缺乏一个统一、明确的顶层规划，工作组织和建设相对分散，导致资源共享困难和重复建设问题突出。

2. 关键技术支撑不足

在支撑作物生长和关系生产安全的关键环节，如作物生长模型、溯源标准体系等方面，缺乏具备较强实用性的成熟方法，一定程度上滞后于信息化整体发展水平。

3. 成本制约推广应用

智慧农业系统往往造价不菲，一般农户难以承受，政府投资建设服务覆盖范围有限，制约了信息化服务和普及。

（五）我国智慧农业的趋势展望

当前，新技术、新理念与农业产业的交融不断加深，智慧农业正在迎来一场深刻的变革，未来智慧农业将从以下三条主线纵深发展。

1. 规划引领，资源聚合

智慧农业亟需国家制定全盘推进战略及地方配套推进办法，为智慧农业描绘总体发展框架，制定目标和路线图，从而打破智慧农业多年发展所形成的资源、信息孤岛局面，夯实农民科技和信息化基础，缩小区域发展差距，将农业生产单位、物联网和系统集成企业、运营商和科研院所相关人才、知识科技等优势资源，形成高流动性的资源池，形成区域农业乃至全国农业一盘棋的局面。

2. 特色突出，专业强化

现有的农业信息化系统共性部分居多，个性特色不够突出，对使用者来说，专业化、实用性尚未达到要求，因此，如何通过工业化的经验和商业化的手段形成针对特殊应用对象的细分专业化系统，使之做强做专，并使其具备熟化和推广价值，决定了智慧农业的应用水平。

3. 业态创新，提质增效

农业要发展，必须靠效益。目前农业电商、家庭农场等新型业态方兴未艾，在产业水平高端化、农村土地规模化、农业产品市场化的客观趋势下，农业亟需在全产业链经营和新业态方面进行大胆探索创新，走出一条具有中国特色、适应农民需求、造福人民大众的农业创新高效发展之路。

（六）结语

当下，“互联网＋”、大数据等新兴技术理念对人类社会生产生活的全面催化，促使知识网络文明时代加速来临，并正在深刻影响着中国智慧农业的发展进程，也为解决当前智慧农业推进中遇到的资源分散、关键技术缺乏、成本高昂等困局提供了新的契机，智慧农业必须通过资源聚合、“强筋壮骨”、业态创新，通过全面深入的信息化，重构现代农业的全景，走出一条绿色可持续、高效安全化、经营普惠化的中国特色现代农业之路。

参　考　文　献

蔡婕，2015. 关于我国企业网络营销发展策略研究［J］. 经营管理者（13）.

陈丽敏，2012. 农产品网络营销［M］. 北京：高等教育出版社.

陈思茹，2016. “双十一”网络营销策略分析［J］. 全国商情：经济理论研究（1）：22-23.

程美丽，2008. 网络营销与传统营销的比较［J］. 太原城市职业技术学院学报（1）：138-140.

丁春东，2011. 浅析我国网络营销发展的现状与对策［J］. 中国对外贸易（4）.

福布斯中文网，2013. 2014 七大网络营销趋势［J］. 中小企业管理与科技旬刊（10）：56-57.

耿朋飞，2011. 我国农产品网络营销的策略及模式研究［D］. 武汉：武汉工业学院.

李红，2008. 网络营销与传统营销信息传播方式的比较［J］. 商场现代化（31）：163-164.

李娟，郝志刚，2010. 基于 Google Earth 虚拟地球平台的旅游规划研究［J］. 国土资源遥感（1）：130-133.

马海燕，2008. 农产品网络营销现状及策略应用［J］. 决策探索月刊（8）：36-37.

彭鑫，2011. 论产品包装设计在农产品品牌营销中的作用［J］. 产业与科技论坛 10（19）.

王洪兵，2010. 增强现实环境下基于视觉的高精度目标跟踪技术研究［D］. 成都：电子科技大学.

王文生，2013. 我国果蔬贮藏保鲜现状及展望［J］. 农业工程技术・农产品加工业（10）：27-29.

许云斐，2008. 网络营销与传统营销的比较分析［J］. 科技信息：学术研究（6）.

杨国才，2005. 虚拟农业体系结构的研究［J］. 计算机科学，32（3）：125-126.

杨雄锈，齐文娥，2013. 中国农产品网络营销的现状及问题研究［J］. 南方农村（9）：9-13.

赵坤，2011. 我国农产品网络营销发展困境及其化解对策研究［J］. 陕西农业科学 57（02）：207-209.

赵丽丽，2011. 农产品网络营销存在的问题及对策分析［J］. 北方经济：综合版（16）：7-8.

赵少华，2012. 中小企业网络营销与传统营销方式的比较［J］. 科技信息（4）：249-249.

赵忠鑫，2012. 我国电子支付存在的安全问题及解决对策［J］. 科技传播（13）.

Azuma，1997. A Survey of Augmented Reality［J］. Teleoperators and Virtual Environments，6（4），355-385.

Borko Furht，2011. Handbook of Augmented Reality［M］. Springer，Berlin：Germany.

Furness T，1986. The super cockpit and its human factors challenges［C］// In Proc. Human

Factors Society 30thAnnual Meeting. Santa Monica，CA，48－52.

Tom Caudell，1990. AR at boeing [EB/OL]. http：//www. ipo. tue. nl/homepages/mrauterb/presentations/HCI－history/tsld096. htm.

Vidal N R ，Vidal R A，2010. Augmented Reality System for Weed Economic Thresholds Applications. Planta Daninha (28)：449－454.